Hermann Großberndt u. a.

Die automatisierte Montage mit Schrauben

# Die automatisierte Montage mit Schrauben

Verfahren, Anforderungen, Rentabilitätsvergleiche

Ing. grad. Hermann Großberndt

Dipl.-Ing. (FH) Gerd M. Bauer
Dipl.-Ing. Rudolf Bödecker
Horst Fricke
Dipl.-Ing. B. Lotter
Dr.-Ing. Walter Mages
Prof. Dr. P. Scharf
Dipl.-Ing. Gerhard Schupp
Dipl.-Ing. Dieter Strelow

Mit 185 Bildern

Kontakt & Studium
Band 256

Herausgeber:
Prof. Dr.-Ing. Wilfried J. Bartz
Technische Akademie Esslingen
Weiterbildungszentrum
Dipl.-Ing. FH Elmar Wippler, expert verlag

CIP-Titelaufnahme der Deutschen Bibliothek

**Die automatisierte Montage mit Schrauben** /
Hermann Grossberndt ... – Ehningen bei Böblingen:
expert-Verl., 1988
  (Kontakt & [und] Studium; Bd. 256)
  ISBN 3-8169-0318-5
NE: Grossberndt, Hermann [Mitverf.]; GT

ISBN 3-8169-0318-5

© 1988 by expert verlag, 7044 Ehningen bei Böblingen
Alle Rechte vorbehalten
Printed in Germany

Alle Rechte, insbesondere die der Übersetzung,
des Nachdrucks, der Entnahme von Abbildungen,
der photomechanischen Wiedergabe (durch
Photokopie, Mikrofilm oder irgendein anderes
Verfahren) und der Übernahme in Informations-
systeme aller Art, auch auszugsweise, vorbehalten.

# Herausgeber-Vorwort

Die berufliche Weiterbildung hat sich in den vergangenen Jahren als eine ebenso erforderliche wie notwendige Investition in die Zukunft erwiesen. Der rasche technologische Wandel und die schnelle Zunahme des Wissens haben zur Folge, daß wir laufend neuere Erkenntnisse der Forschung und Entwicklung aufnehmen, verarbeiten und in die Praxis umsetzen müssen. Erstausbildung oder Studium genügen heute nicht mehr. Lebenslanges Lernen, also berufliche Weiterbildung, ist daher das Gebot der Stunde und der Zukunft.

Die Ziele der beruflichen Weiterbildung sind

— Anpassung der Fachkenntnisse an den neuesten Entwicklungsstand
— Erweiterung der Fachkenntnisse um zusätzliche Bereiche
— Erlernen der Fähigkeit, wissenschaftliche Ergebnisse in praktische Lösungen umzusetzen
— Verhaltensänderungen zur Entwicklung der Persönlichkeit.

Diese Ziele lassen sich am besten durch das „gesprochene Wort" (also durch die Teilnahme an einem Präsenzunterricht) und durch das „gedruckte Wort" (also durch das Studium von Fachbüchern) erreichen.

Die Buchreihe KONTAKT & STUDIUM, die in Zusammenarbeit zwischen dem expert verlag und der Technischen Akademie Esslingen herausgegeben wird, ist für die berufliche Weiterbildung ein ideales Medium. Die einzelnen Bände beruhen auf erfolgreichen Lehrgängen an der TAE. Sie sind praxisnah und aktuell. Weil in der Regel mehrere Autoren — Wissenschaftler und Praktiker — an einem Band beteiligt sind, kommen sowohl die theoretischen Grundlagen als auch die praktischen Anwendungen zu ihrem Recht.

Die Reihe KONTAKT & STUDIUM hat also nicht nur lehrgangsbegleitende Funktion, sondern erfüllt auch alle Voraussetzungen für ein effektives Selbststudium und kann als Nachschlagewerk dienen. Auch der vorliegende Band ist nach diesen Grundsätzen erarbeitet. Mit ihm liegt wieder ein Lehr- und Nachschlagewerk vor, das die Erwartungen der Leser an die wissenschaftlich-technische Gründlichkeit und an die praktische Verwertbarkeit nicht enttäuscht.

TECHNISCHE AKADEMIE ESSLINGEN  expert verlag
Prof. Dr.-Ing. Wilfried J. Bartz  Dipl.-Ing. Elmar Wippler

# Autoren-Vorwort

Vor etwa einem Jahrzehnt reiften die Erkenntnisse, daß vielerorts die industriellen Teilefertigungen oft um Zehnerpotenzen weiter automatisiert sind als die Montagevorgänge. Daraus läßt sich ableiten, daß in der Automation der Montage das Rationalisierungspotential der Zukunft schlechthin zu sehen ist.

In der Automobilindustrie hat diese Erkenntnis zu völlig neuen Unternehmenskonzepten geführt. Zum Beispiel wird unter Verzicht auf die bisher geübte Fertigungstiefe die Teilefertigung zunehmend auf Zulieferbetriebe verlagert, um so die erheblichen, für die Automatisierung erforderlichen Mittel auf die Montage zu konzentrieren.

In der Folge werden weitere Trendziele deutlich: Einerseits wird durch Zukauf immer komplexerer Bausätze die Anzahl der Bauteile vermindert, was naturgemäß der Automation förderlich ist, andererseits vermindert man das betriebliche Umlaufvermögen, in dem Zulieferungen in kürzeren Intervallen mit kleineren Mengen geordert werden. Das stellt neue Anforderungen an die Zulieferindustrie, einerseits an deren Qualitätswesen, andererseits an die Lieferantenzuverlässigkeit. Neuartige Qualitätsphilosophien und logistische Konzepte sind entstanden.

In der Folge erhält die Vorstellung zukünftiger vollautomatisierter Fabriken immer wieder neue Antriebe durch die rasanten Entwicklungen der elektronischen Datenverarbeitungstechniken. Man muß kein Prophet sein um vorauszusagen, daß diese Entwicklungen nicht in wenigen Jahrzehnten abgeschlossen sein können und daß dieser beschleunigte Wandel unserer hochtechnisierten Welt den Promotoren bisher ungewohnte Flexibilität abverlangen wird. Unter den mit Montageautomation betrauten Technikern und Ingenieuren, wie auch in tangierenden Sparten wird ein permanenter und ständig aktualisierter Erfahrungsaustausch wichtigstes Anliegen sein.

Dieses ist auch die Zielsetzung des vorliegenden Buches, welches an die unter gleichem Titel laufenden Seminare an der Technischen Akademie Esslingen anknüpft und jetzt in seiner ersten Auflage vorliegt. Eine permanente Aktualisierung ist beabsichtigt.

Zu danken habe ich allen Mitautoren, einerseits für die geleistete Arbeit, die neben ihrem anspruchsvollen Beruf ein zusätzliches Opfer darstellt, aber ganz besonders auch für ihre Offenheit, mit welcher sie ihre Praxiserfahrungen wiedergegeben haben.

Das Buch umfaßt absichtlich nicht nur den Bereich der automatisierten Montage an sich, sondern auch die Problematik der peripheren Komponenten wie Schrauben, Schrauber, Automaten etc., um vor allem Konstrukteuren und Planern Einsichten zu vermitteln, die für ihre immer komplexer werdende Verantwortung unverzichtbar sind.

Bad Laasphe, im Februar 1988                      Hermann Großberndt

# Inhaltsverzeichnis

Herausgeber-Vorwort
Autoren-Vorwort

## 1 Automatisierung der Montage
P. Scharf — **1**

| | | |
|---|---|---|
| 1.1 | Produkt-Innovationen erfordern Innovationen in der Produktion | 1 |
| 1.2 | Automatisierungslösungen für die Teilefertigung sind hochentwickelt | 3 |
| 1.3 | Die Montage steht erst am Anfang der Automatisierung | 6 |
| 1.4 | Rationalisierung der Montage beginnt mit der Produktkonstruktion | 19 |
| 1.5 | Die Schraubtechnik besitzt eine Schlüsselstellung in der Montage | 24 |
| 1.6 | Die altbekannte Schraubverbindung bringt neue Probleme | 28 |
| 1.7 | Zusammenfassung | 36 |

## 2 Hochfeste Schraubenverbindungen sicher auslegen
Dieter Strelow — **37**

| | | |
|---|---|---|
| 2.1 | Aufgabenstellung | 37 |
| 2.2 | Einfluß der Vorspannkraft auf die Dauerhaltbarkeit | 38 |
| 2.3 | Bedeutung des Anziehfaktors $\alpha_A$ | 39 |
| 2.4 | Sichern von Schraubenverbindungen | 50 |
| 2.5 | Fazit | 61 |

## 3 Kleinschrauben in der automatischen Schraubenmontage
H. Großberndt — **64**

| | | |
|---|---|---|
| 3.1 | Einführung | 64 |
| 3.2 | Was sind Kleinschrauben? | 64 |
| 3.3 | Gewindeformende Schrauben | 72 |
| 3.3.1 | Gewindeschneidschrauben | 72 |
| 3.3.2 | Gewindefurchende Schrauben | 76 |
| 3.4 | Bohrschrauben | 81 |
| 3.5 | Selbstfurchende Schrauben für Bauteile aus Kunststoffen | 90 |
| 3.6 | Allgemeine Anforderungen an automatengerechte Kleinschrauben | 95 |
| 3.6.1 | Ein Wort zu den Werkstoffeigenschaften | 95 |
| 3.6.2 | Ordnen, lageorientieren und zuführen | 97 |

| | | |
|---|---|---:|
| 3.6.3 | Schrauben vereinzeln und zuführen | 98 |
| 3.6.4 | Kuppeln und antreiben | 103 |
| 3.7 | Anforderungen an Schrauben für automatische Montagen | 106 |
| 3.7.1 | Exaktheit der Ausführung und Sortenreinheit | 106 |
| 3.7.2 | Stufung der Dringlichkeit von Fehlermerkmalen | 107 |
| 3.7.3 | Mittel und Maßnahmen des Schraubenherstellers zur Vermeidung von Fertigungsfehlern | 111 |
| 3.7.4 | Selektion fehlerhafter Teile mit Hilfe der 100%-Kontrolle | 112 |
| 3.8 | Auswirkung verbesserter Reinheitsgrade auf die Montagestückkosten | 113 |
| 3.8.1 | Rentabilitätsvergleiche | 113 |

## 4 Schraubtechnik — Schraubanlagen
Gerd Bauer **116**

| | | |
|---|---|---:|
| 4.1 | Das Ziel der Schraubverbindung. Die Begriffe und deren Zusammenhänge in der Schraubtechnik | 116 |
| 4.1.1 | Das Ziel der Schraubverbindung | 116 |
| 4.1.2 | Die Begriffe und deren Zusammenhänge in der Schraubtechnik | 117 |
| 4.1.2.1 | Spannung-Dehnung, Drehmoment-Drehwinkel | 117 |
| 4.1.2.2 | Montagevorspannkraft, Reibung, Setzbetrag, Anziehfaktor | 118 |
| 4.2 | Die Schraubverfahren und deren Anwendungsbereiche | 120 |
| 4.2.1 | Das drehmomentgesteuerte Anziehverfahren | 121 |
| 4.2.2 | Das drehwinkelgesteuerte Anziehverfahren | 122 |
| 4.2.3 | Das streckgrenzgesteuerte Anziehverfahren | 124 |
| 4.2.4 | Einfluß der Schraubgeräte und der Schraubverfahren auf die Dimensionierung der Schraubverbindung | 127 |
| 4.3 | Die Auswertung der Schraubdaten im Bezug auf die Qualitätssicherung der Schraubverbindung | 128 |
| 4.3.1 | Die Drehmomentüberwachung | 128 |
| 4.3.2 | Die Drehwinkelüberwachung | 129 |
| 4.3.3 | Die Streckgrenzüberwachung | 131 |
| 4.3.4 | Die Hüllkurvenüberwachung | 132 |
| 4.3.5 | Die redundante Überwachung von Schraubparametern | 132 |
| 4.3.6 | Die Aussagekraft der Drehmoment/Drehwinkelüberwachung | 133 |
| 4.4 | Schraubgeräte mit mechanischer Drehmomentsteuerung | 134 |
| 4.4.1 | Der Schlagschrauber | 134 |
| 4.4.2 | Der Impulsschlagschrauber | 135 |
| 4.4.3 | Der Überrastschrauber | 136 |
| 4.4.4 | Der Abschaltschrauber | 137 |
| 4.4.5 | Der Abwürgeschrauber | 138 |
| 4.5 | Sensorbestückte Schraubgeräte mit elektronischer Steuerung | 139 |
| 4.5.1 | Die Schraubanlage | 139 |
| 4.5.2 | Die Schraubspindel | 141 |
| 4.5.3 | Die Schraubersteuerung | 144 |

| | | |
|---|---|---|
| 4.6 | Schraubenzuführung und Schraubenprüfung in der automatischen Schraubstation | 145 |
| 4.7 | Datendokumentation und statistische Prozeßüberwachung in der Schraubtechnik | 146 |

## 5 Automatisierung des Schraubvorganges im Bereich der Feinwerk-Elektrotechnik
### B. Lotter — 150

| | | |
|---|---|---|
| 5.1 | Einleitung | 150 |
| 5.2 | Qualitätsvoraussetzungen der Schraube und deren Einfluß auf die Automatisierung | 156 |
| 5.2.1 | Toleranzen | 156 |
| 5.2.2 | Qualitätsniveau | 158 |
| 5.2.3 | Einfluß auf die Automatisierung, aufgezeigt an den Folgekosten schlechter Schraubqualität | 160 |
| 5.3 | Lösungsansätze für automatische Schraubung | 162 |
| 5.4 | Einsatz von Schraubern in der Montage | 170 |
| 5.4.1 | Einleitung | 170 |
| 5.4.2 | Schraubautomaten in Fallrohrausführung | 171 |
| 5.4.3 | Schraubautomaten mit Förderschienenzuführung | 174 |

## 6 Schraubstationen in der Montage im Bereich Feinwerktechnik und Leichtbau
### R. Bödecker — 178

| | | |
|---|---|---|
| 6.1 | Planungsziele | 178 |
| 6.1.1 | Rationalisierung | 178 |
| 6.1.2 | Qualitätssicherung | 178 |
| 6.1.3 | Humanisierung | 179 |
| 6.1.4 | Flexibilisierung | 179 |
| 6.2 | Schraubstationen — Technische Ausführung | 180 |
| 6.2.1 | Die Schraubspindel | 181 |
| 6.2.2 | Schraubstationen — Varianten | 181 |
| 6.2.2.1 | 1-Spindel-Schraubstationen | 181 |
| 6.2.2.1.1 | 1-Spindelschraubeinheiten ohne Schraubenzuführung, Schraubachse vertikal | 181 |
| 6.2.2.1.2 | 1-Spindel-Schraubeinheit mit Schraubenzuführung, Schraubachse vertikal | 184 |
| 6.2.2.1.3 | 1-Spindel-Anbauschraubeinheit ohne Schraubenzuführung, Schraubachse beliebig | 184 |
| 6.2.2.1.4 | 1-Spindel-Schraubeinheit mit Schraubenzuführung, Schraubachse beliebig | 185 |
| 6.2.2.1.5 | 1-Spindel-Robotschrauben ohne Schraubenzuführung, Schraubachse beliebig | 185 |

| | | |
|---|---|---|
| 6.2.2.1.6 | 1-Spindel-Robotschrauber mit Schraubenzuführung, Schraubachse beliebig | 185 |
| 6.2.2.2 | Mehrspindelschrauber | 186 |
| 6.2.2.2.1 | Mehr-Spindelschraubstation für festes Schraubbild. Schraubachse vertikal, ohne Schraubenzuführung | 186 |
| 6.2.2.2.2 | Mehrspindelschrauber für festes Schraubbild, Schraubachsen vertikal mit Schraubenzuführung | 186 |
| 6.2.2.2.3 | Mehrspindelschrauber mit Schraubbild umrüstbar, Schraubachsen und Schraubebenen beliebig, ohne Schraubenzuführung | 187 |
| 6.2.2.2.4 | Mehrspindelschrauber mit Schraubbild umrüstbar, Schraubachsen und Schraubebenen beliebig und automatischer Schraubenzuführung | 187 |
| 6.2.2.3 | Schraubroboter in Portalbauweise | 188 |
| 6.2.2.3.1 | Schraubachse vertikal 1 oder 2 Schraubebenen, Schraubposition in X- und Y-Richtung freiprogrammierbar, ohne Schraubenzuführung | 188 |
| 6.2.2.3.2 | Schraubroboter in Portalbauweise, Schraubachse vertikal, 1 oder 2 Schraubebenen, Schraubposition in X- und Y-Richtung, freiprogrammierbar mit Schraubenzuführung | 188 |
| 6.2.2.3.3 | Schraubroboter in Portalbauweise, Schraubachsen vertikal, Schraubposition in X-, Y- und Z-Richtung, freiprogrammierbar ohne Schraubenzuführung | 189 |
| 6.2.2.3.4 | Schraubroboter in Portalbauweise, Schraubachse vertikal, Schraubposition in X-, Y- und Z-Richtung, freiprogrammierbar mit Schraubenzuführung | 189 |
| 6.2.2.4 | Universalroboter mit Robotschrauber, Schraubachsen beliebig, Schraubposition im Arbeitsfeld des Roboters beliebig | 190 |
| 6.3 | Planungsleitfaden | 194 |
| 6.3.1 | Fragebogen mit Kommentaren | 194 |
| 6.3.2 | Richtpreiswerte für Standardlösungen, Preisbasis 1987 in 1000 DM | 196 |
| 6.4 | Wirtschaftlichkeitsberechnung | 197 |
| 6.4.1 | System der Wirtschaftlichkeitsberechnung | 197 |
| 6.4.2 | Beispiel einer Wirtschaftlichkeitsberechnung | 198 |
| **7** | **Automatische Montage hochfester Schrauben — Problemstellung und Lösungen —** Walter J. Mages | **201** |
| 7.1 | Einleitung | 201 |
| 7.2 | Konstruktive Richtlinien für automatengerechte Schrauben | 202 |
| 7.2.1 | Allgemeine Hinweise | 202 |
| 7.2.2 | Besondere Ausführungsformen | 205 |
| 7.3 | Qualitative Anforderungen an automatengerechte Schrauben | 209 |

| | | |
|---|---|---|
| 7.3.1 | Beurteilung von Lieferlosen | 210 |
| 7.3.2 | Auswirkung des Reinheitsgrades auf die Montagekosten | 214 |
| 7.4 | Möglichkeiten der Schraubenhersteller | 219 |
| 7.4.1 | Prozeßregelnde Maßnahmen | 221 |
| 7.4.2 | Statistische Prozeßkontrolle | 222 |
| 7.4.3 | Fehlteilselektion | 227 |
| 7.5 | Schlußbetrachtung | 230 |

# 8 Schraubvorgänge automatisieren
Gerhard Schupp **231**

| | | |
|---|---|---|
| 8.1 | Einleitung | 231 |
| 8.2 | Anforderung an die Schraubverbindung | 233 |
| 8.2.1 | Montagegerechte Bauteilgestaltung | 233 |
| 8.2.2 | Qualitätsanforderungen | 236 |
| 8.3 | Anforderung an Schraubgeräte und Zuführeinrichtungen | 241 |
| 8.3.1 | Anforderung für Schraubgeräte zum IR- und Automatikstationseinsatz | 241 |
| 8.3.2 | Anforderungen an Zuführeinrichtungen | 244 |
| 8.4 | Anwendungsbeispiele | 246 |
| 8.4.1 | Speichern, Ordnen und Zuführen von Radschrauben, unter Verwendung eines kombinierten Schraubspindel-/Greifsystems sowie Fügen mit IR | 246 |
| 8.4.2 | Ordnen, Zuführen und Handhaben sowie Anwinden von Einstellschrauben mit IR und Sondermaschine | 248 |
| 8.4.3 | Flexible Schraubeinrichtung bestehend aus IR 160/15 oder IR 160/60 mit Schraubspindel und mit automatischer Schraubenzuführung | 249 |
| 8.4.4 | Vollautomatische Schraubstation mit integrierter Schraubenprüf- und Schraubenzuführeinrichtung für PKW-Schaltgetriebe | 251 |
| 8.4.5 | Ordnen, Zuführen und Handhaben von Motor-Schwungradscheiben und 6 bzw. 8 Befestigungsschrauben, unter Verwendung eines kombinierten Greifer-/Schraubspindelsystems sowie Fügen mit IR | 251 |
| 8.4.6 | Halbautomatische Schraubstation für PKW-Schaltgetriebe | 253 |
| 8.4.7 | Verschrauben von insgesamt 14 Schraubverbindungen einer PKW-Hinterachse | 253 |
| 8.4.8 | Zuführen und Verschrauben in Streckgrenzenanzugs-Verfahren von 2 Schrauben zur Befestigung eines Cockpit in einer PKW-Karosse | 254 |

| | | |
|---|---|---|
| 9 | **Realisierte automatische Montage –** | |
| | **Montagekonzept Halle 54** | |
| | Horst Fricke | **256** |
| 9.1 | Einleitung | 256 |
| 9.2 | Aussagen zum Projekt Halle 54 | 257 |
| 9.3 | Fertigstellung und Inbetriebnahme | 257 |
| 9.4 | Zielsetzungen | 261 |
| 9.5 | Voraussetzungen für die automatische Montage | 262 |
| 9.6 | Entwicklungstechnische und planerische Notwendigkeiten | 262 |
| 9.7 | Die montagegerechte Schraube | 263 |
| 9.8 | Der montagegerechte Clip | 263 |
| 9.9 | Schraub- und Cliptechnik | 264 |
| 9.9.1 | Verschraubungsablauf | 264 |
| 9.9.2 | Kontroll- und Zuführeinrichtungen | 264 |
| 9.10 | Schraubsysteme und Steuerung | 267 |
| 9.10.1 | HF-Schrauber | 267 |
| 9.10.2 | Schraubersteuerung | 267 |
| 9.10.3 | Schraubenanzugsverfahren | 267 |
| 9.10.4 | Weitere Merkmale der Schraubersteuerung | 269 |
| 9.11 | Qualitätsüberwachung | 270 |
| 9.12 | Materialflußkonzept | 272 |
| 9.12.1 | Teilezubringung | 272 |
| 9.13 | Überlegungen zur Instandhaltung | 274 |
| 9.14 | Zusammenfassung | 274 |

**Literaturverzeichnis**     **275**

**Stichwortverzeichnis**     **279**

**Autorenverzeichnis**     **281**

# 1 Automatisierung der Montage

P. Scharf

## 1.1 Produkt-Innovationen erfordern Innovationen in der Produktion

Seit mehr als einem Jahrzehnt erkennen wir, daß eine Verbesserung der Produktionstechnik in Richtung Mengensteigerung immer seltener sinnvoll ist, weil das Aufnahmevermögen des Marktes für viele Produkte gesättigt ist. Dies führt aus der Sicht der Industrieunternehmen zum Zwang, häufiger neue Produkte zu entwickeln, die den gewandelten Bedürfnissen der Verbraucher entsprechen. Der Prozeß der Produkt-Innovationen vollzieht sich, für uns alle erkennbar, mit zunehmender Beschleunigung.

Um neue Produkte erfolgreich vermarkten zu können, müssen nicht nur die Eigenschaften des Produktes in den Markt passen, sondern auch Herstellkosten und Lieferfähigkeit stimmen. Produkt-Innovationen erfordern daher häufig Innovationen in der Produktion.

Wegen steigender Lohnkosten und verringerten Personal- Arbeitszeiten wird seit langem versucht, die Produktion zu automatisieren. In allen Fertigungsunternehmen werden heute darüberhinaus Überlegungen angestellt, wie die bisher betriebene Fertigung nicht nur automatisiert, sondern *flexibel* automatisiert werden kann. Für die Realisierung flexibel automatisierter Produktionsabläufe werden in vielfältiger Weise Innovationen gefordert.

Unter *flexibler Automatisierung* verstehen wir die Durchführung der Fertigung von verschiedenen Produkten auf Anlagen, bei denen der Mensch weder ständig noch in einem erzwungenen Rhythmus für ihren Ablauf unmittelbar tätig werden muß und bei denen die Umstellung von einem Produkt zu einem anderen in einfacher Weise möglich ist.
Der Wunsch nach flexibler Automatisierung kommt sowohl aus dem Bereich der bisher starren Automatisierung als auch aus den Fertigungsbetrieben mit bisher geringer Automatisierung (Bild 1.1). Starre Automatisierungslösungen sind zunehmend nicht mehr vertretbar, weil der Markt stets neue Produktvarianten fordert, die nur in kleiner werdenden Stückzahlen aufgenommen werden.

Die Einzel- und Kleinserienfertigung, die bislang gering automatisiert war, muß aus Gründen der Lohnkostensteigerung, der Arbeitszeitverkürzung für die Mitar-

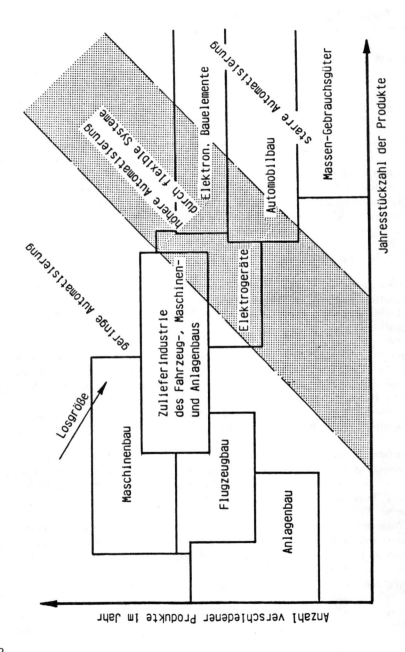

Bild 1.1: Automatisierung in der industriellen Fertigung

beiter und der im Wettbewerb geforderten Qualitätsverbesserung automatisiert werden. Der Aufgabenstellung entsprechend ist dies durch flexible Anlagen wirtschaftlich machbar.

Technisch ermöglicht wurden flexible Fertigungsanlagen durch die Entwicklung der numerischen Steuerung von Bewegungsabläufen in Werkzeugmaschinen und die nachfolgende Entwicklung der digitalen Steuerungs- und Regelungstechnik, die heute programmierbare Steuerungen für nahezu jede Aufgabenstellung hervorgebracht hat (Bild 1.2).

## 1.2 Automatisierungslösungen für die Teilefertigung sind hochentwickelt

Neben der ständigen Verbesserung der Fertigungsgenauigkeit bei der Herstellung geometrisch bestimmter Werkstücke war die Reduzierung der Bearbeitungszeiten in der Teilefertigung die wichtigste Aufgabe der Fertigungsingenieure in den vergangenen Jahrzehnten.

Während die Stückzeit für vergleichbare Bearbeitungsaufgaben absolut ständig verringert wurde, ergaben verschiedene Entwicklungsstufen eine unterschiedliche Beeinflussung des Verhältnisses von Haupt- und Nebenzeiten. In den 60er Jahren führte zunächst die Entwicklung verbesserter Schneidstoffe, insbesondere der Hartmetalle zu einer deutlichen Verkürzung der Stückzeiten durch verringerte Hauptzeiten.

Mit dem Einsatz der numerischen Steuerung an Fräsmaschinen, die zu *Bearbeitungszentren* weiterentwickelt wurden, konnte die Stückzeit durch relativ große Reduktion der Nebenzeiten verringert werden, weil Werkstücke in einer Aufspannung und nicht durch Wechsel auf mehrere Maschinen fertig bearbeitet werden konnten.

Ein Bearbeitungszentrum mit einer Erweiterung zum automatischen Werkstückwechsel heißt *Flexible Fertigungszelle*. Die Verknüpfung mehrerer Bearbeitungsstationen zu einem System mit einheitlichem Werkstückpalettenspeicher und -transport von Station zu Station und mit entsprechender Werkzeugversorgung sowie zentraler und direkter numerischer Steuerung ergibt ein *Flexibles Fertigungssystem* als höchste Entwicklungsstufe der flexiblen Automatisierung in der Teilefertigung.

Die Merkmale der heute verfügbaren Konzepte für die Automatisierung der mechanischen Teilefertigung sind in Bild 1.3 zusammengefaßt. Die Verbreitung des Einsatzes Flexibler Fertigungssysteme, also der komplexen, höchsten Stufe der Automatisierung, ist heute weltweit noch gering. Flexible Fertigungszellen, also

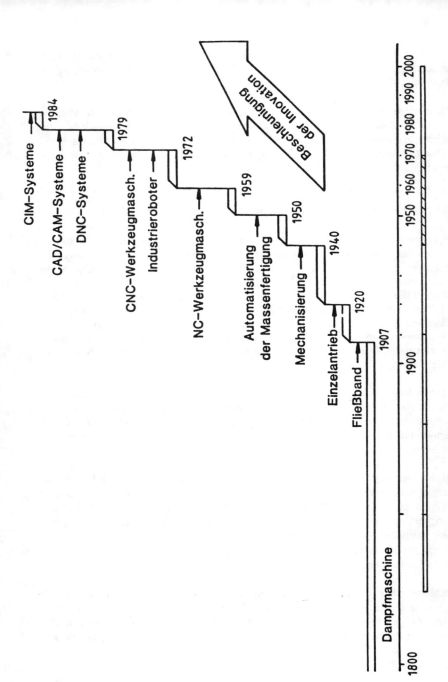

Bild 1.2: Meilensteine in der Entwicklung der Produktionstechnik

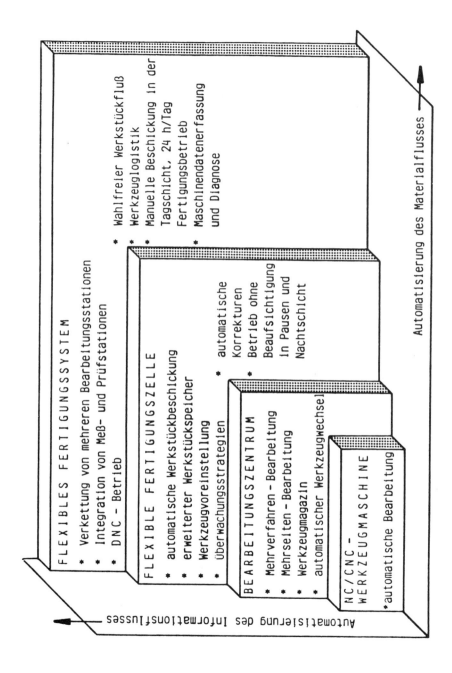

Bild 1.3: Von der NC-Werkzeugmaschine zum Flexiblen Fertigungssystem

inselhafte Ansätze für den automatischen Fertigungsbetrieb verschiedenster Bauteile, sind demgegenüber für alle Verfahren der Teilefertigung heute Stand der Technik und gehören zum Standardangebot der Werkzeugmaschinenhersteller.

Zusammenfassend kann festgestellt werden, daß es für die mechanische Bearbeitung in der Teilefertigung in nahezu allen Branchen und insbesondere auch für die Blechbearbeitung Lösungen für die flexible Automatisierung existieren. Die Anlagenhersteller der Bundesrepublik gelten weltweit als führend und stehen mit vergleichbaren Herstellern in Japan und USA auf einer Stufe. In der Anwendung derartiger Systeme besteht in der Bundesrepublik allerdings ein deutlicher Nachholbedarf.

Die vergleichsweise zögerliche Vergrößerung der Anwendungsbreite der verfügbaren Systeme zu flexiblen Automatisierung erklärt sich einmal aus der geringen Kapitalausstattung der meist mittelständischen Fertigungsbetriebe in Deutschland, zum anderen aber auch aus einem Engpaß an Ingenieurkapazität im Fertigungsbereich der Unternehmen.

Das in Bild 1.4 gezeigte Beispiel der Veränderung von Fertigungszeiten für ein elektrotechnisches Produkt kann stellvertretend für die generelle Entwicklung verstanden werden: Die Reduzierung der Zeiten in der Teilefertigung ist weitgehend ausgereizt, nennenswerte Einsparungspotentiale bietet im Vergleich der Montagebereich in vielen Unternehmen /1/.

**1.3 Die Montage steht erst am Anfang der Automatisierung**

Wegen der hohen Komplexität der Vorgänge in der Montage ist die Automatisierung und damit auch die Rationalisierung in diesem Bereich weit geringer entwickelt als in der Teilefertigung.

Einzelbeispiele automatisierter Füge- und Montageabläufe existieren allerdings schon längere Zeit. Die Glühlampenmontage wird z.B. schon seit den vierziger Jahren vollautomatisch betrieben. Auch in anderen Bereichen der Massenfertigung sind automatisierte, hochentwickelte mechanische Lösungen für Montagevorgänge bekannt. In der Serienfertigung allerdings dominiert in allen Branchen immer noch die manuelle Montage.

Im Hinblick auf die Automatisierung der Montage spielt die Automobilindustrie heute eine Vorreiterrolle im Vergleich zu anderen Branchen der industriellen Produktion. Die Voraussetzungen für eine wirtschaftliche Automatisierung der

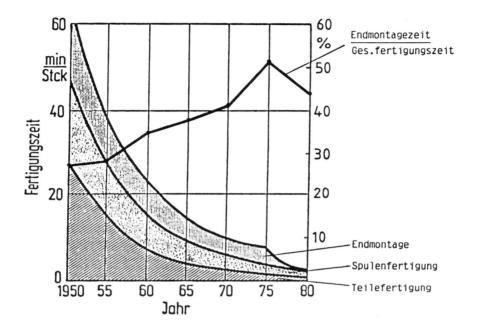

nach Angaben von Siemens

Bild 1.4: Montageanteil und Fertigungszeiten für einen Motorschütz

Abläufe sind hier weitgehend gegeben: große Stückzahlen, Fließprinzip, starke Arbeitsteilung, lange Laufzeiten der Produkte. Allerdings steht diesen günstigen Voraussetzungen entgegen, daß die Vielfalt der Produktvarianten immer mehr zunimmt. Vom Endmontageband kommen letztlich Fahrzeuge in einer Reihe, in der jedes Produkt von anderen in mehr oder weniger großem Umfang verschieden ist. Die Variantenvielfalt wird in der Endmontage besonders groß und ist in den Produktionsstufen davor in aller Regel vergleichsweise geringer. Je geringer die Variantenvielfalt in der Produktion ist, um so größer ist der heute erreichte Automatisierungsgrad.

Das häufig vorherrschende Bild von der hochautomatisierten Automobilproduktion muß korrigiert werden, wenn man die Automatisierungsgrade verschiedener Produktionsbereiche im Automobilbau genauer betrachtet. Nach Angaben von BMW ( Bild 1.5) ist der Karosserie-Rohbau mit etwa 90% am weitesten automatisiert. Hier finden wir sowohl starr auf einen Typ ausgelegt Transferstraßen mit Vielpunktschweißanlagen und in jüngster Zeit flexibel programmierbare Industrieroboter an Transferstraßen, die unterschiedliche Karosserietypen schweißen können.

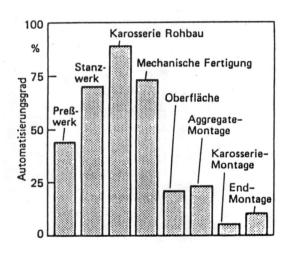

Quelle: BMW (Stand 1984)

Bild 1.5: Automatisierung im Automobilbau

In der mechanischen Fertigung und in der Blech-Teilefertigung, also im Preß- und Stanzwerk existiert eine noch vergleichsweise hohe Automatisierung. Im Montagebereich sind sowohl die Aggregatmontage als auch die Karosseriemontage und die Endmontage gering automatisiert. Hieraus resultiert eine starke Abhängigkeit der Beschäftigung von den Absatzschwankungen mit allen sozialen Problemen.

Die im Volkswagenwerk 1983 errichtete "Halle 54" für die Montage des VW-Golf, die in der Presse als Paradebeispiel hoher Automatisierung dargestellt wurde, hat nach Werksangaben insgesamt einen Automatisierungsgrad von "nur" 25 % (2). Verglichen mit der Montage in anderen Branchen, wie z.b. Maschinenbau, Elektrogerätebau, Werkzeugbau, Apparatebau u.a., ist die Automatisierung der Montage im Automobilbau entsprechend dem Bild in der Öffentlichkeit aber tatsächlich groß, denn sie ist in sonstigen Bereichen — außer in der Massenfertigung kleiner Teile — praktisch nicht vorhanden.

Grundsätzlich ist eine Automatisierung der Montage schwieriger als die der Teilefertigung, weil die Geometrie der Teile schon zu Beginn der Operation wesentlich komplexer ist und nicht nur ein Teil, sondern mindestens zwei, häufig auch mehrere Teile gleichzeitig zu fügen sind. Schwierigkeiten ergeben sich heute auch aus der Tatsache, daß die Produkte für die Montage von Hand konzipiert werden und die den Menschen gegebenen Fähigkeiten von technischen Einrichtungen (z.B. Industrierobotern) nicht erreicht werden (Bild 1.6).

Die Wettbewerbsfähigkeit der deutschen Industrie - und dies gilt für viele Unternehmen auch unmittelbar - hängt in entscheidendem Maße davon ab, inwieweit die Lohnkosten innerhalb der Herstellkosten eines Produktes reduziert werden können. Da der relativ größte Anteil der Lohnkosten im Montagebereich entsteht, liegt hier für die nächste Zukunft das größte Rationalisierungspotential in den Betrieben. Untersuchungen der Kostenanteile bei verschiedenen Produkten zeigen dies immer wieder. Beispiele sind in Bild 1.7 und Bild 1.8 angegeben.

Montageaufgaben sind in der industriellen Praxis so vielfältig, daß es notwendig wird, sie in überschaubare Klassen zu gliedern, um die Möglichkeiten und Bedingungen der Montageautomatisierung erörtern zu können.

Hinsichtlich der Komplexität, ausgedrückt in Anzahl zu fügender Komponenten, ist es zweckmäßig zunächst drei Klassen zu unterscheiden:
- einfache Produkte mit bis zu 30 Einzelteilen,
- mittlere Produkte mit 31 bis 500 Einzelteilen und
- komplexe Produkte mit über 500 Einzelteilen.

In allen Branchen gibt es Beispiele für entsprechende Montageaufgaben (Bild 1.9). Häufig können komplexe Produkte so in Untergruppen gegliedert werden, daß eine zunächst sehr komplex erscheinende Montageaufgabe in mehrere

### TEILEFERTIGUNG

o  ein Werkstück

o  einfache Geometrie zu Beginn des Prozesses (Rohling)

o  ein Werkstoff

o  unterschiedliche Bearbeitungsvorgänge an einem Teil; in der Regel sequentiell

o  Toleranzen am Werkstück sind Ergebnis des Prozesses

o  Handhabungsaufwand gering

o  Verfügbarkeit des Rohmaterials wenig problematisch


### MONTAGE

o  mehrere Werkstücke

o  vielgestaltige Geometrie zu Beginn des Prozesses

o  häufig verschiedene Werkstoffe

o  unterschiedliche Bearbeitungsvorgänge an mehreren Teilen; häufig simultan

o  Toleranzen der Einzelteile sind vor Prozeßbeginn gegeben

o  Handhabungsaufwand hoch

o  Verfügbarkeit der Einzelteile häufig problematisch

Bild 1.6: Charakteristische Merkmale von Teilefertigung und Montage

überschaubare Untergruppenmontagen aufgelöst werden kann. Die Untergruppen können planungstechnisch dann als weniger komplexe Montageaufgaben behandelt werden, für die gegebenenfalls wirtschaftlich machbare Automatisierungslösungen realisierbar sind.

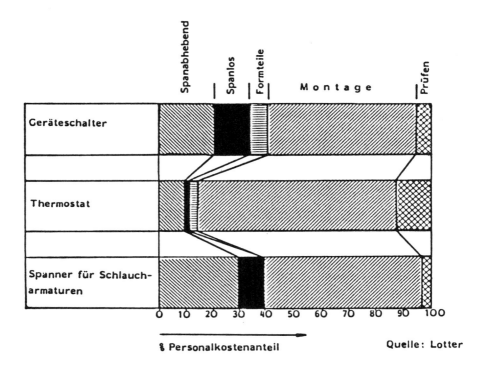

Bild 1.7: Anteil der Montagekosten an den Fertigungskosten
(Beispiele aus der Feinwerktechnik)

**Durchschnittliche Planzeitverteilung je Einheit**

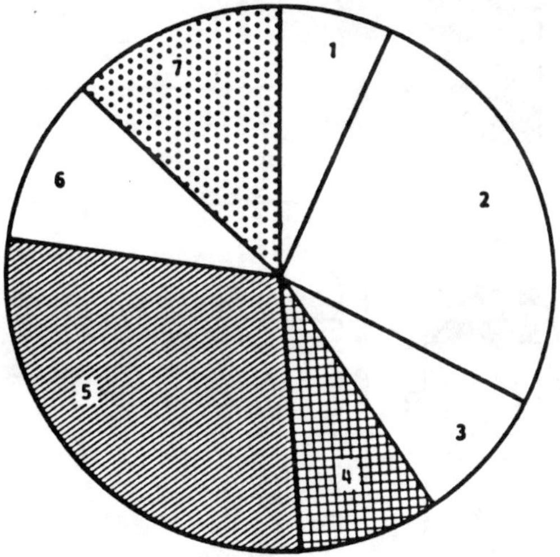

| | | |
|---|---|---|
| 1 | Presswerk | 6% |
| 2 | Rohbau | 25% |
| 3 | Oberflächentechnik | 9% |
| 4 | Aggregatemontage | 9% |
| 5 | Karosserie- und Endmontage | 27% |
| 6 | Mechan. Fertigung und Gießerei | 11% |
| 7 | Kunststoff und Textil | 13% |
| Σ | MONTAGE (4+5+7) | 49% |

100% = Gesamtplanzeit je Einheit

Quelle: BMW

Bild 1.8: Aufteilung der Fertigungszeiten je Erzeugnis in der Automobilindustrie

| Produkt-komplexität / Branchen | Gruppe I | Gruppe II | Gruppe III |
|---|---|---|---|
| | einfache Produkte ≤ 30 Teile | 31-500 Teile | komplexe Produkte > 500 Teile |
| | zunehmende Teilezahl (Komplexität) → | | |
| | Beispiel: | | |
| Maschinenbau | Lager | Getriebe | Landw. Maschinen |
| Fahrzeugbau | Kfz- Zulieferteile | Motoren | Fahrzeuge |
| Elektrotechnik | Leiterplatten, Lampen Elektromotoren elektr. Schalt-u. Bedienelemente | Klein - Hausgeräte Meß - und Regelgeräte | Rundfunk-, Fernseh- und Phonotechn. Geräte Hausgeräte |
| Feinmechanik, Optik Uhren | mech. Meß- und Regelgeräte | Fotogeräte | Uhren, Projektionsgeräte |
| Büromaschinen, EDV - Geräte | Schreibgeräte | Taschenrechner | Büromaschinen, EDV - Geräte |

Bild 1.9: Gliederung der Montageaufgaben nach Produktart und -komplexität (3)

Im Maschinenbau kommen nach der vom Fraunhof-Institut IPA durchgeführten Montagestudie /3/ nur wenig einfache Montageaufgaben vor. Bei den vorherrschenden komplexeren Produkten sind die Jahresstückzahlen gering ( Bild 1.10), so daß die Voraussetzungen für einen wirtschaftlichen Einsatz von Montageanlagen, die aufgabenorientiert als Sondermaschinen konstruiert werden müßten, nicht gegeben sind.

In der elektrotechnischen Industrie ist der Anteil einfacher und wenig komplexer Produkte ungleich größer, wobei in diesen Fällen auch vergleichsweise hohe Jahresstückzahlen zu produzieren sind ( Bild 1.11). Hier sind die wirtschaftlichen Bedingungen für den Einsatz von Montageautomaten sehr viel eher gegeben.

Die Analyse der Taktzeiten für Montagetätigkeiten von insgesamt 355 Industrieunternehmen ( Bild 1.12) zeigt gleichfalls branchentypische Unterschiede. Während im Maschinenbau 73% aller Montagearbeitsvorgänge mit einer Planzeit von über 10 Minuten versehen sind, liegen die Vorgangszeiten für Montagearbeiten im Fahrzeugbau für 73% der Arbeitsplätze unter 3 Minuten und in der elektrotechnischen Industrie für 80%. Trotz der im vergangenen Jahrzehnt vielfach durchgeführten Arbeitsstrukturierungsmaßnahmen zur Humanisierung des Arbeitslebens liegen in der Elektroindustrie noch immerhin für 60% der Arbeitsplätze die Taktzeiten unter 1,5 Minuten.
Weil für solche kurzzyklische Tätigkeiten in der Montage mit ihrem monotonen Charakter zukünftig immer schwieriger Personal zu bekommen sein wird, sind die Unternehmen hier besonders gezwungen, nach Lösungen zur Automatisierung zu suchen.
Betrachtet man manuelle Montagearbeitsplätze mit der Absicht, die vielfältigen Werkstückhandhabungsvorgänge, Fügeoperationen, Kontrollroutinen sowie Justier- und Hilfsoperationen mit technischen Mitteln nachzuahmen, dann wird mit großer Bewunderung der menschlichen Fähigkeiten deutlich, welche komplexen Vorgänge in der Montage zu realiesieren sind. Bild 1.13 zeigt die Vielfalt der auftretenden Funktionen in allgemeiner Form (4).
Bislang mußte bzw. konnte sich der Mensch an die Montageaufgabe und die zur Verfügung stehenden Hilfsmittel anpassen. Eine technische Lösung derselben Montageaufgabe durch Nachahmen der menschlichen Bewegungen und Prüfvorgänge stößt in der Regel auf Schwierigkeiten: entweder existiert keine technische Realisierungsmöglichkeit (Lageerkennung von Einzelteilen, Fügen biegeschlaffer Teile, Erkennen von Fehlern u. ä.) oder aber sie ist nicht bezahlbar.

Auf Fachmessen für die Montage- und Handhabungstechnik erhält der interessierte Besucher, der nicht schon selbst die oben genannten Erfahrungen gemacht hat, durch die teilweise faszinierenden Präsentationen der Anbieter von Industrierobotern ein unter Umständen blendendes Bild von der einfachen technischen Machbarkeit jeder Automatisierungslösung.

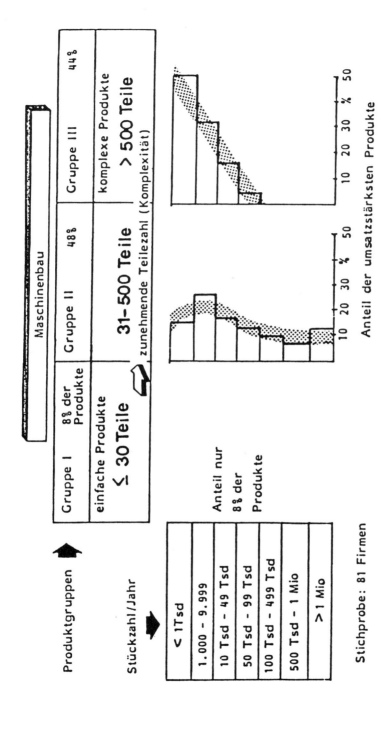

Bild 1.10: Montageaufgaben und Jahresstückzahlen im Maschinenbau

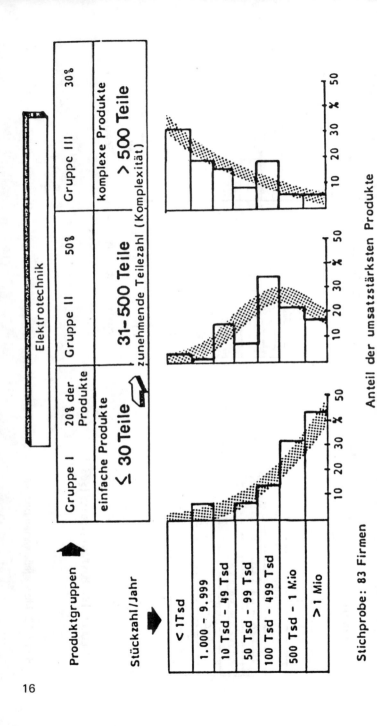

Bild 1.11: Montageaufgaben und Jahresstückzahlen in der elektrotechnischen Industrie

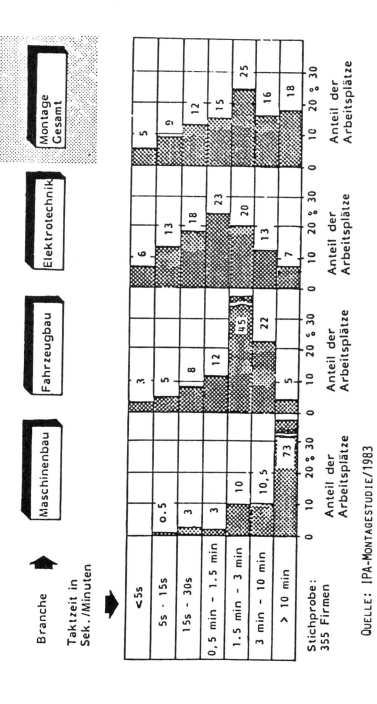

Bild 1.12: Häufigkeitsverteilung der Taktzeiten für Montagetätigkeiten in verschiedenen Branchen

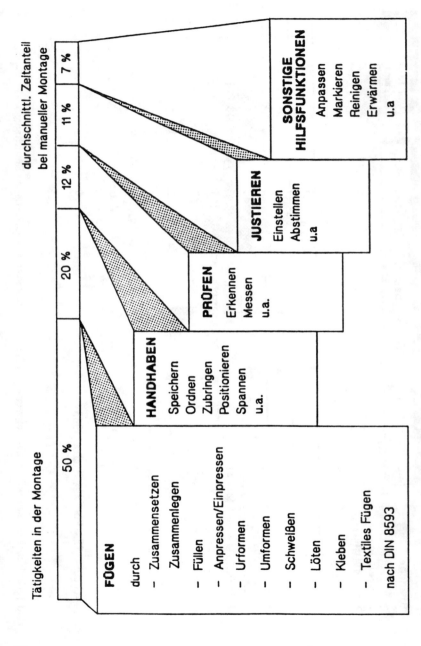

Bild 1.13: Funktionen der Montage

Eine häufig benutzte Vereinfachung im Vergleich von Mensch und Industrieroboter zeigt Bild 1.14.

Daß die Automatisierung der Montage offenbar doch vielfältige Schwierigkeiten bereiten kann, muß aus der Statistik von Anwendungsgebieten der Industrieroboter herausgelesen werden, denn von allen Anwendungsgebieten belegt die mechanische Montage erst einen Anteil von 13% (Bild 1.15). Zählt man die Schweißanwendungen auch in den Montagebereich, verschieben sich die Relationen zugunsten der Anwendbarkeit des Industrieroboters.

Daß die Rolle des Industrieroboters bislang aber noch eher bescheiden ist, zeigt auch ein Vergleich der in der Montage eingesetzten Betriebsmittel (3). Wenn überhaupt automatische Anlagen eingesetzt werden, dominieren nach wie vor Einzweckautomaten, die als Sondermaschinen ganz speziell auf ein Produkt ausgelegt werden (Bild 1.16). Dem Wunsch nach flexibel einsetzbaren Lösungen für sich ändernde Produkte wird danach durch Anwendung von Montageanlagen aus Baukastenprogrammen Rechnung getragen.

Ein Industrieroboter ist in aller Regel nur eine Komponente in einer Montageanlage, weil neben der Lösung vielfältiger Bewegungsaufgaben immer auch produktspezifische Anforderungen abzudecken sind. Hieraus folgt die Notwendigkeit, die Montageaufgabe an die Möglichkeiten einer wirschaftlich vertretbaren Automatisierungstechnik anzupassen. Das heißt nichts anderes, als ein Produkt von vornherein mit Blick auf beschränkte Möglichkeiten in der Durchführung der Montage zu konstruieren, das Produkt also montage- und automatisierungsgerecht zu gestalten.

## 1.4 Rationalisierung der Montage beginnt mit der Produktkonstruktion

Es ist heute bekannt, daß die optimale Automatisierungslösung einer Montageaufgabe nur durch ganzheitliche Optimierung der drei Faktoren Produktaufbau, Teilefertigung und Montage entstehen kann. Trotzdem kommt es in der Praxis immer wieder vor, daß jeder Bereich isoliert betrachtet wird und so Rationalisierungspotentiale nicht erschlossen werden. Die Überlegungen zur Automatisierung der Montage dürfen daher nicht erst nach Vorliegen der Fertigungszeichnungen oder gar gefertigter Einzelteile beginnen, sondern sie müssen schon bei ersten Enwürfen des Produktes die Gestaltung maßgebend beeinflussen. Durchgeführte Studien zur automatisierungsgerechten Produktgestaltung zeigen, daß größte Rationalisierungsgewinne zu erzielen sind, wenn der gesamte Produktaufbau infrage gestellt werden kann. Maßnahmen an Baugruppen sind im Vergleich hierzu weniger wirkungsvoll, aber immer noch ertragreicher als konstruktive Änderungen an den Einzelteilen eines Produktes (Bild 1.17).

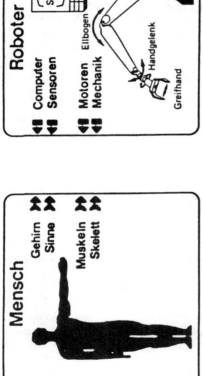

Bild 1.14: Mensch und Roboter im Vergleich für Handhabungsaufgaben

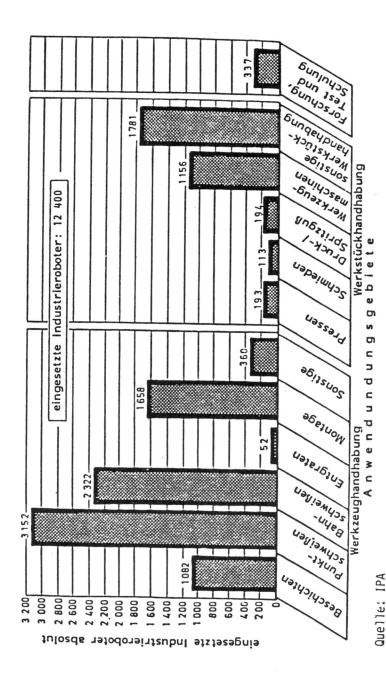

Bild 1.15: Eingesetzte Industrieroboter in der Bundesrepublik Deutschland (Stand Anfang 1987)

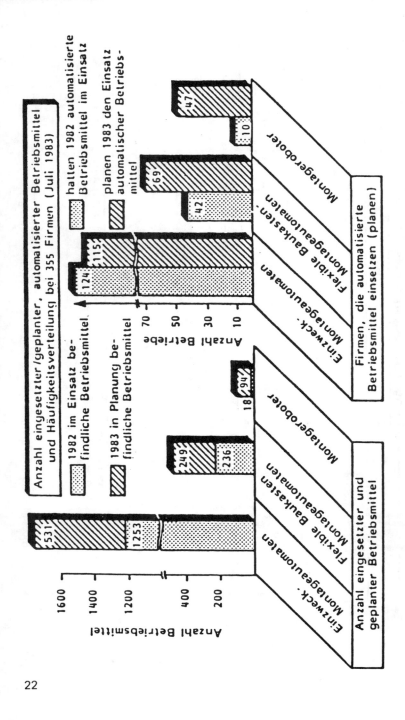

Bild 1.16: Einsatz automatisierter Betriebsmittel in der Montage
(Quelle: VDI–Z. 13/1985 (IPA-Montagestudie))

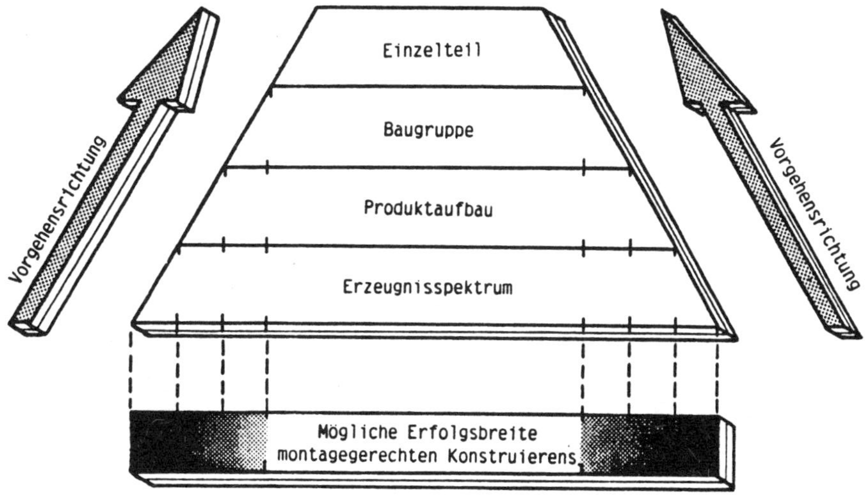

Bild 1.17: Einflußmöglichkeiten von Maßnahmen zur montagegerechten Produktgestaltung

Bei der automatisierungsgerechten Produktgestaltung wird vor allem das Ziel verfolgt, den Produktaufbau zu vereinfachen

- durch Weglassen von Funktionen bzw. Bauteilen und/ oder
- durch Integration von Funktionen in Bauteilen.

Ein Beispiel dazu wird in Bild 1.18 gezeigt.

Zur systematischen Unterstützung des Konstruktionsprozesses hat sich das methodische Hilfsmittel der Darstellung der "Verbindungsstruktur" eines Produktaufbaus als zweckmäßig erwiesen (5). In Bild 1.19 ist ein Beispiel dargestellt. Die bewußt abstrakte Darstellung der Verbindungsrelation von einzelnen Funktionsträgern und reinen Verbindungselementen kann den Konstrukteur sensibel für Vereinfachungsmöglichkeiten machen. Aus dem zahlenmäßigen Verhältnis von Verbindungsteilen zu Funktionsteilen kann abgelesen werden, ob man sich einer montagegerechten Gestaltung des Produktaufbaus nähert. Weiter kann, deutlicher als in der maschinenbaulichen Zusammenbauzeichnung, erkannt werden, ob Mehrfachfügstellen vorliegen, die besonders schwierig oder aufwendig zu automatisieren wären.

Wenn aus der Zielsetzung montagegerechter Konstruktion folgt, daß eine Produktkonstruktion um so besser automatisierbar ist je einfacher die Verbindungsstruktur ist und je weniger Bauteile zu integrieren sind, dann wird klar, daß das beste Verbindungselement "kein" Verbindungselement ist.

Die Strategie des Weglassens von Fügestellen und Verbindungselementen ist häufig erfogreich. Sie führt zu integralen Einzelteilen, für die wiederum geprüft werden muß, ob nicht durch Vereinfachen in der Montage erhöhte Aufwendungen in der Teilefertigung bewirkt werden.

Vielfach sind es aber auch die Gebrauchseigenschaften des Produktes, die es unmöglich machen, eine Fügestelle zu eliminieren. Dies ist regelmäßig der Fall, wenn im Produktgebrauch z.B. bei Instandhaltungsarbeiten eine lösbare Verbindung gefordert wird.

### 1.5 Die Schraubtechnik besitzt eine Schlüsselstellung in der Montage

In solchen Fällen dominiert heute und mit großer Sicherheit auch in Zukunft die Schraubverbindung. Eine Untersuchung von Produkten des Maschinenbaus bzw. Fahrzeugbaus und feinwerktechnischer Geräte zeigt, daß die Schraubverbindung vor allen anderen mechanischen Verbindungstechniken weitaus am häufigsten eingesetzt wird (Bild 1.20).

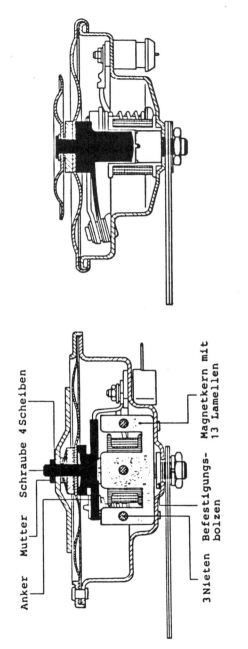

Bild 1.18: Montagegerechte Konstruktion am Beispiel einer Autohupe

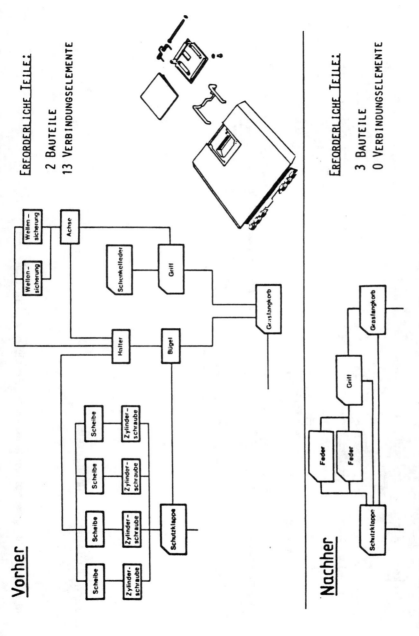

Bild 1.19: Einsparungsmöglichkeiten durch montagegerechte Konstruktion; Beispiel Grasfangkorbbefestigung eines Rasenmähers

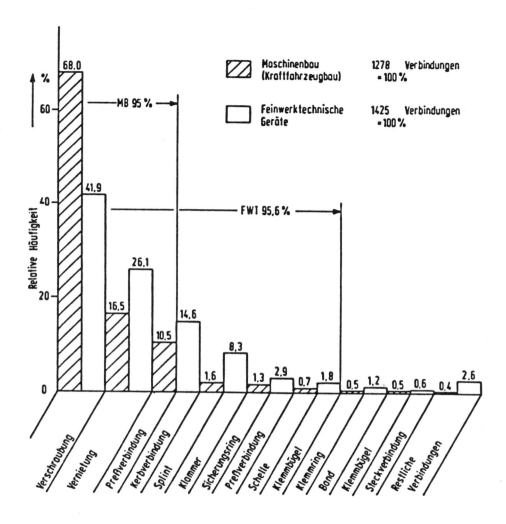

nach Gießner (Diss. TU Braunschweig, 1974)

Bild 1.20: Relative Häufigkeit eingesetzter Verbindungstechniken in Maschinenbau und Feinwerktechnik

Welch komplexe Aufgabenstellung die optimale Gestaltung einer Schraubverbindung sein kann, mag Bild 1.21 verdeutlichen, in dem die Vielfalt der Einflußfaktoren bei der konstruktiven Auslegung und fertigungstechnischen Ausführung zusammengetragen ist (6).

Vorausgesetzt, die konstruktiven Forderungen an einen gegebenen Schraubfall seien erfüllt, dann ist die optimale Schraube die, die geringste Kosten am Produkt verursacht. Dies ist in der automatischen oder auch der manuellen, aber rationalisierten Montage selten die billigste Schraube. Denn nicht der Einkaufspreis eines Verbindungselementes bestimmt die Herstellkosten eines Produktes, sondern die Montagekosten haben häufig den größten Anteil an den Produktkosten (7). Dementsprechend kann eine zunächst teuer eingekaufte Schraube durchaus die Kosten eines Produkts verringern, wenn durch ihre Eigenschaften weniger Montagelohn anfällt. Beispielsweise kann durch Integration von Funktionselementen wie angerollte Unterlegscheibe und selbstschneidendes Gewinde eine wesentlich verkürzte Montagezeit, z.B. durch Wegfall des Gewindeschneidens erreicht werden. Weitere Beispiele zur Funktionsintegration an Schraubbefestigern zeigt Bild 1.22.

Wie die Montagezeit durch Einsatz multifunktionaler Schrauben reduziert werden kann wird ebenfalls beispielhaft in Bild 1.23 dargestellt.
Neben diesen Gesichtspunkten einer gesamtkostenminimalen Auslegung der Produktkonstruktion und der Auswahl der Verbindungselemente erweist sich der althergebrachte Schraubvorgang im Umfeld einer automatisierten Montage als neu zu entdeckendes Problemfeld.

## 1.6 Die altbekannte Schraubverbindung bringt neue Probleme

Eine sorgfältige Analyse von Schraubvorgängen, die in der manuellen Montage häufig als unkomplizierte und wenig Aufmerksamkeit erfordernde Montageoperation eingeschätzt werden, zeigt, welche Problemkreise für eine erfolgreiche Automatisierung derartiger Tätigkeiten zu bewältigen sind. Einige Stichworte zur Kennzeichnung der Probleme sind in Bild 1.24 zusammengetragen. Auf besonders wichtige Aspekte soll im folgenden hingewiesen werden.

Erst in jüngster Zeit ist die veränderte Aufgabenstellung der automatisierten Montage an die Schraubenhersteller herangetragen worden, die inzwischen bemerkenswerte Lösungen von automatisierungsgerechten Schrauben anbieten (8). Am bekanntesten sind wohl die "robotergerechten" Schrauben gemäß Bild 1.25, die im Fahrzeugbau eingesetzt werden. Für den Bereich der Kunststoffverschraubung werden zur Zeit ebenfalls Entwicklungen in Richtung automatisierungsfreundlicher Verbindungselemente betrieben (9).

Neben der Gestaltung der Schrauben und der konstruktiven Umgebung der Schraubstelle für ein bestimmtes Produkt treten zunehmend Fragen in Zusammenhang mit den Betriebsmitteln, insbesondere den Schraubern, für die Montagedurchführung in den Vordergrund. Sowohl für hochfeste Schraubverbindungen an Fahrzeugen und Maschinen als auch für weniger belastete Verbindungen, wie z.B. in Kunststoffgehäusen, wird in der Serienfertigung eine einwandfreie Verbindungsqualität gefordert. Das heißt, daß alle eingesetzten Betriebsmittel in engen Toleranzgrenzen liegende, konstante Verschraubungsparameter erzeugen müssen. Dies aber ist für die bislang vorwiegend eingesetzten Schrauber mit Druckluftantrieben oft nicht befriedigend gegeben. Während die heute angebotenen Schrauber fast ausnahmslos von Hand positioniert werden und eine Kontrolle der Schraubparameter (z.B. Anziehdrehmoment) separat geschieht, haben mehrere Firmen begonnen, Schraubersysteme zu entwickeln, die für die Positionierung mit Industrierobotern eingerichtet sind und eine integrierte Steuerung besitzen, die Überwachung und Dokumentation der Schraubparameter ermöglichen. (10)

Für das Zuführen der Schrauben an die Schraubstelle einschließlich der Ordnungs- und Prüfvorgänge gibt es heute eine ausreichende Vielfalt an Lösungsprinzipien und käuflichen Komponenten von einer größeren Anzahl von Herstellerfirmen. Der Anwender kann hier eine bedarfsgerechte Auswahl treffen, wenn er sich die Mühe macht, den etwas unübersichtlichen Markt zu analysieren. Die objektive Bewertung der verschiedenen Lösungsangebote ist zudem nicht immer ohne Probleme für den Anwender.

Bei allen Unzulänglichkeiten bzw. Verbesserungsnotwendigkeiten, die heute noch auf dem Sektor der Montage-Betriebsmittel zu nennen wären, besteht aber der wohl noch bedeutendere Problembereich in den Unregelmäßigkeiten der zu fügenden Teile. Störungsanalysen in der manuellen und der automatisierten Montage zeigen, daß als Störungsursachen am häufigsten Fehler an den Füge- bzw. Verbindungsteilen (also auch an Schrauben) auftreten.

In einer Untersuchung der Universität Siegen (11), die ein Unternehmen mit Serienmontage von Gartengeräten in Auftrag gab, wurde als häufigste Einzelursache von Störungen des Montageablaufs "Fehlteile" notiert. Dies entspricht der Erfahrung, daß jeder Montagepraktiker zuallererst das Problem der Fehlteile anspricht, wenn er Probleme der Montage beschreibt. Derartige Störungen, die häufig zu gravierenden Auswirkungen in der Montage-Produktivität oder der Einhaltung von Terminen führen, können wohl nur durch geeignete organisatorische Maßnahmen behoben werden.

Technische Fehler an Fügeteilen sind immerhin der zweitwichtigste Störungsgrund in die Montage. Auswirkungen fehlerhafter Teile werden umso bedeutsamer - in negativer Richtung - je höher Montagevorgänge automatisiert sind und

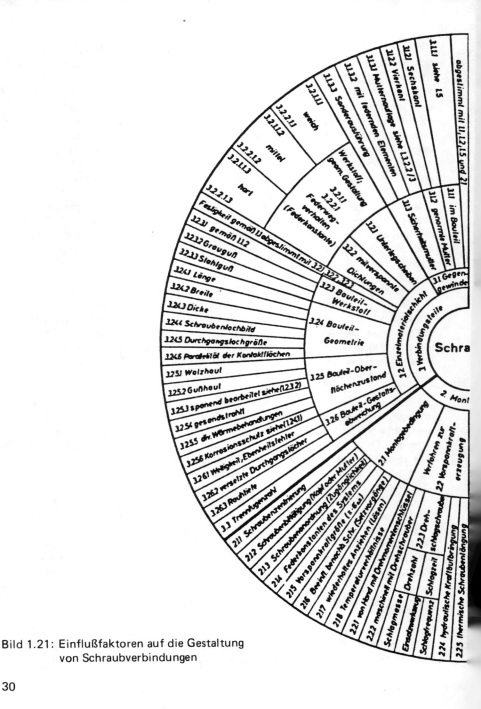

Bild 1.21: Einflußfaktoren auf die Gestaltung von Schraubverbindungen

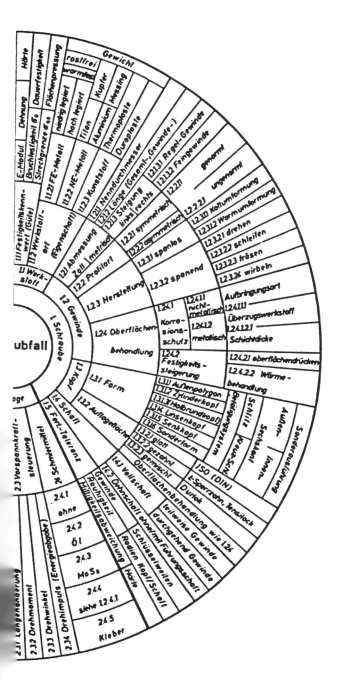

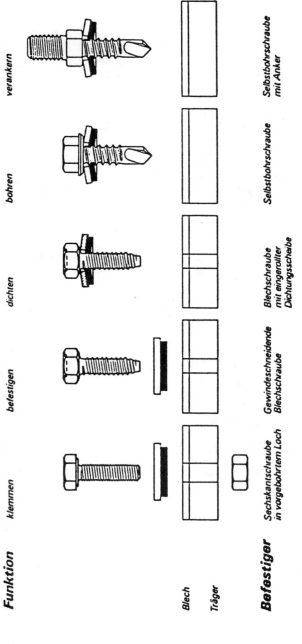

Bild 1.22: Funktionsintegration bei Verbindungselementen am Beispiel von Schraubbefestigern

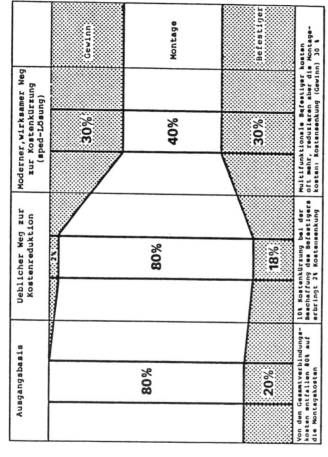

Bild 1.23: Reduzierung der Montagekosten durch multifunktionale, teurere Verbindungselemente

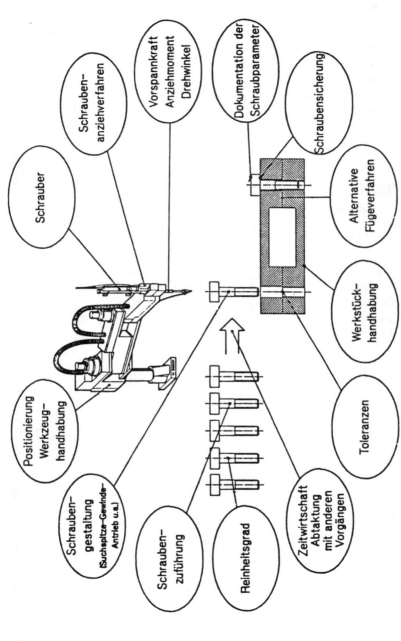

Bild 1.24: Problemfelder bei der automatischen Schraubmontage

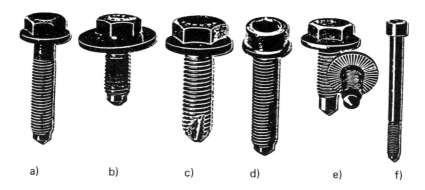

Bild 1.25: Schrauben für die automatische Montage
(Beispiele: Fa. Bauer & Schaurte Karcher)
a) Außensechskantschraube mit Suchspitze und angestauchtem Flansch
b) Außensechskantschraube mit Suchspitze und angerollter Unterlegscheibe
c) Außensechskantschraube mit Lackschabenut
d) Innensechskantschraube mit Suchspitze und angestauchter Sicherung
e) Sechskant-Flanschschraube mit integrierten Sicherungsrippen
f) Innensechskantschraube mit Suchspitze in langer Ausführung

Montagestationen durch Automatisierungseinrichtungen verkettet sind. Seit einiger Zeit verständigen sich einige Anwender und Hersteller von Schrauben über den Anteil fehlerhafter Teile, die in einer Lieferung enthalten sein können. Es wird der Reinheitsgrad einer Liefermenge vereinbart, der angibt, wieviele fehlerfreie Teile auf ein fehlerbehaftetes Teil in einem Lieferlos kommen darf. Natürlich bedingt dies eine detaillierte Spezifikation von Abnahmemerkmalen für die Verbindungselemente.

Während Anwender möglichst hohe Reinheitsgrade wünschen, um die Störungsursachen in ihrer Montage gering zu halten, versuchen die Schraubenhersteller den zusätzlichen Aufwand zur Vergrößerung des Reinheitsgrades zu begrenzen. Grundsätzlich bedeutet ein höherer Reinheitsgrad von Schrauben geringere Montagekosten beim Anwender und höhere Herstellkosten beim Schraubenproduzenten. Eine Optimierung dieser gegenläufigen Effekte gemäß Bild 1.26 kann bislang wohl nur durch offenen Meinungsaustausch sowie Einzelabsprachen von Schraubenanwendern und -herstellern erreicht werden. Allgemeingültige Regelungen existieren noch nicht. Damit auch Anwender mit geringeren Abnahmemengen die Kostenrelationen für ihre Automatisierungsvorhaben abschätzen können, wäre eine allgemeingültige Richtlinie wünschenswert.

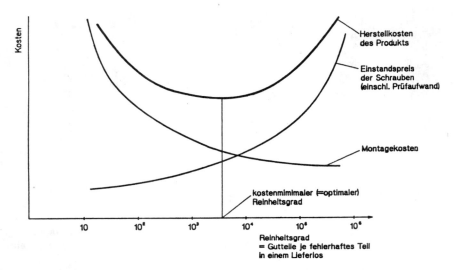

Bild 1.26: Kosten in Abhängigkeit vom Reinheitsgrad der Schrauben

## 1.7 Zusammenfassung

Die Automatisierung der Montage steht im Vergleich zur Teilefertigung erst am Anfang der Entwicklung. Während in der Teilefertigung die verfügbaren technischen Lösungen zur flexiblen Automatisierung wegen mangelnder Ingenieurkapazität und begrenzter Kapitalausstattung noch nicht immer in vollem Umfang genutzt werden, sind Aufgaben der Montageautomatisierung häufig aus technischen Gründen nicht machbar.

Industrieroboter mit ihren bisherigen Fähigkeiten können Menschen an Montagearbeitsplätzen nur bei vergleichsweise einfachen Aufgaben ersetzen. Die aber aus Rationalisierungszwang erforderliche Automatisierung der Montage geht daher fast ausnahmslos über den Weg der automatisierungsgerechten Gestaltung der Produkte in der Konstruktion.

Um lösbare Verbindungen in Produktkonstruktionen zu schaffen, wird die Schraubverbindung besonders häufig angewendet. Da sie auch in Zukunft nicht durch andere Techniken ersetzbar sein wird, kommt der Schraubtechnik eine herausragende Bedeutung in der Montagetechnik zu. Bei der geforderten Automatisierung zeigt sich allerdings, daß die althergebrachte Schraubverbindung neue Probleme in sich birgt. Zur Lösung der erst aktuell erkannten Probleme werden sowohl bei Schraubenherstellern, Herstellern von Schraubern und anderen Betriebsmitteln sowie bei den Anwendern intensive Entwicklungsarbeiten betrieben, über die im Überblick berichtet wird.

# 2 Hochfeste Schraubenverbindungen sicher auslegen

Dieter Strelow

## 2.1 Aufgabenstellung

Im Hinblick auf die Schraubenfertigung und die Schraubenanwendung hat es sich als zweckmäßig erwiesen, zwischen Kleinschrauben und hochfesten Schrauben zu unterscheiden. Über Kleinschrauben wird im nächsten Beitrag ausführlich berichtet werden. Hochfeste Schrauben sind metrische Schrauben, etwa ab M6 der Festigkeitsklassen 8.8, 10.9 und 12.9. Insbesondere im Maschinenbau und in der KFZ-Industrie kommt ihnen eine hervorragende Bedeutung zu.

Hochfeste Schrauben, die automatisch verschraubt werden sollen, fallen rein optisch meist durch einen angepreßten Bund, eine Zentrierspitze sowie einen Dünnschaft auf, worüber in den folgenden Beiträgen noch ausführlich berichtet wird. Andererseits muß die festigkeitsmäßige Auslegung der Schraubenverbindungen nach wie vor in erster Linie nach den auftretenden Belastungen erfolgen. Größe und Richtung der Betriebskraft entscheiden auch weiterhin über Abmessung und Festigkeit der Schraube. Aufgabe dieses Beitrages ist es deshalb, einige wenige Einflußgrößen herauszuheben, die die Sicherheit hochfester Schraubenverbindungen sowohl gegen Dauerbruch als auch gegen Lockern und selbsttätiges Losdrehen entscheidend beeinflussen. Bild 2.1 zeigt die häufigsten Versagensursachen und die möglichen Folgen bei dynamisch beanspruchten Schraubenverbindungen.

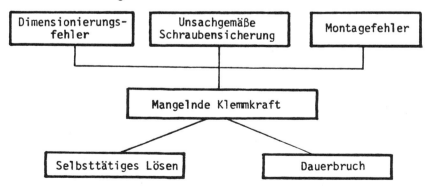

Bild 2.1: Die häufigsten Versagensursachen von Schraubenverbindungen

## 2.2 Einfluß der Vorspannkraft auf die Dauerhaltbarkeit

Anhand eines einfachen Vorspannkraftschaubildes, Bild 2.2, werden im folgenden die in einer Schraubenverbindung wirkenden Kräfte und Verformungen aufgezeigt. Dabei wird von linearen Verformungskennlinien für spannende und verspannte Teile ausgegangen. Bei der Montage wird durch die elastische Längung der Schraube um den Betrag $f_S = \delta_S \cdot F_M$ die Vorspannkraft $F_M$ in der Schraube erzeugt, ihre Reaktionskraft drückt die verspannten Teile um $f_P = \delta_P \cdot F_M$ zusammen; dabei sind $\delta_S$ die elastische Nachgiebigkeit der Schraube und $\delta_P$ die elastische Nachgiebigkeit der verspannten Teile. Greift an der Verbindung eine axiale Betriebskraft $F_A$ an, so wird die Schraube weiter um den Betrag $f_{SA}$ gelängt. Um den gleichen Betrag können sich die zusammengedrückten Teile wieder ausdehnen, daher geht die Klemmkraft in der Trennfuge von $F_M$ auf $F_{KR}$ zurück. Infolge der weiteren elastischen Dehnung $f_{SA}$ wirkt in der Schraube nun eine um $F_{SA}$ erhöhte Kraft. Nach dieser Betrachtungsweise hat die Höhe der Vorspannkraft auf die Dauerhaltbarkeit der Schraubenverbindung keinen Einfluß; das heißt, gleichgültig of die Verbindung hoch oder niedrig vorgespannt war, die Schraube spürt dieselbe wechselnde Kraft $\pm F_{SA}/2$.

Heute gilt als gesichert (1, 2), daß diese klassische Betrachtungsweise nur für zentrisch verspannte und zentrisch belastete Verbindungen zutrifft. Dies sind jedoch Belastungsfälle, die in der Praxis außerordentlich selten vorkommen. Die Mehrzahl der Schraubenverbindungen ist außerhalb ihrer Schwerachse belastet und/oder verspannt. Diese Verbindungen neigen an der der Kraftangriffsachse zugewandten Seite zum Klaffen. Darüber hinaus erweist sich die Schraubenbean-

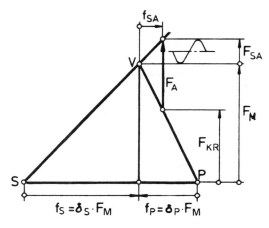

Bild 2.2: Verspannungsschaubild für eine zentrisch verspannte und zentrisch belastete Schraubenverbindung

spruchung als vorspannkraftabhängig, sobald die geringsten partiellen Abhebevorgänge eintreten. Die tatsächlichen Verformungsverhältnisse in "exzentrisch verspannten und exzentrisch belasteten Verbindungen" stellen sich dann im Verspannungsschaubild fogendermaßen dar, Bild 2.3: Unter der exzentrisch angreifenden Betriebskraft $F_A$ verlängert sich die Schraube wieder um $f_{SA}$. Die verspannten Teile werden sich jedoch nicht nur elastisch um diesen Betrag ausdehnen und ihre Trennfuge auf $F_{KR}$ entlasten, sondern sie können auch partiell klaffen. Dadurch weicht die Verformungslinie unterhalb des Abhebepunktes H von der Geraden VP ab und nähert sich asymptotisch mit weiter ansteigender Kraft $F_A$ dem Ursprungsstrahl SJ, der die Verformung für den Fall charakterisiert, daß sich die Verbindung unter der Betriebskraft wie ein Scharnier vollends öffnet und nur noch an der dem Kraftangriff abgewandten Kante trägt.

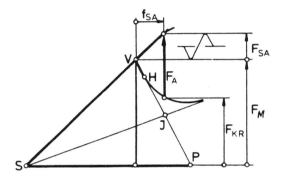

Bild 2.3: Verspannungsschaubild für eine exzentrisch verspannte und exzentrisch belastete Schraubenverbindung

Aus dieser Mechanik ergibt sich eine ganz deutliche Vorspannkraftabhängigkeit der dauerhaltbarkeitsbestimmenden Schraubenzusatzkraft $F_{SA}$. Bei gleich hoher Betriebskraft $F_A$ ist die Schraubenzusatzkraft $F_{SA}$ in der höher vorgespannten Verbindung deutlich kleiner als in der niedrig vorgespannten Verbindung, Bild 2.4.

## 2.3 Bedeutung des Anziehfaktors $\alpha_A$

Die Höhe der Vorspannkraft in Schraubenverbindungen wird bereits während des Montagevorganges von einer Vielfalt von Faktoren nachhaltig beeinflußt. Hierzu gehören:
- Die Reibungsverhältnisse in den sich relativ zueinander bewegenden Oberflächen,

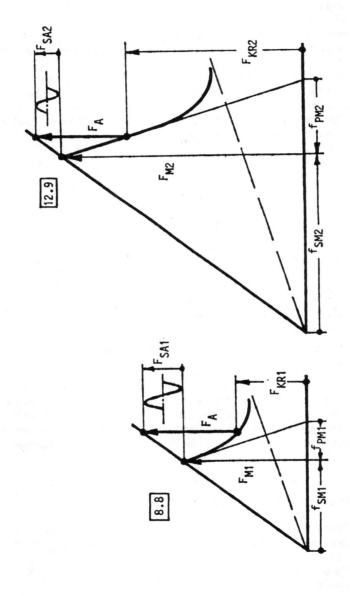

Bild 2.4: Abhängigkeit der Schraubenzusatzkraft $F_{SA}$ von der Vorspannkraft $F_M$ bei exzentrischer Belastung

- die geometrische Form der Verbindung,
- das gewählte Montageverfahren,
- das Montagewerkzeug.

Die heute gebräuchlichsten Montageverfahren erfassen die erzeugte Vorspannkraft in der Schraube nicht direkt, sondern indirekt, zum Beispiel als Funktion des Anziehdrehmoments, der elastischen Längenänderung, des Drehwinkels oder durch die Ermittlung des Streckgrenzpunktes der Schraube. Dabei bleibt in fast allen Fällen eine aus der im allgemeinen relativ großen Streuung der Reibungszahlen und der Ungenauigkeit der Anziehmomente herrührende Unsicherheit bezüglich der Größe der Zug- und Torsionsspannung.

Für die Montage beanspruchter Schraubenverbindungen finden insbesondere drei Methoden Anwendung:
- drehmomentgesteuertes Anziehen,
- drehwinkelgesteuertes Anziehen,
- streckgrenzgesteuertes Anziehen.

Beim drehmomentgesteuerten Anziehen wird das Ziel, eine genaue Vorspannkraft aufzubringen, über den Umweg Drehmoment angegangen. Doch selbst die genaueste Einhaltung des Drehmomentes eliminiert nicht den größten Einfluß auf die Ungenauigkeit der Vorspannkraft, nämlich die in einem Schrauben- und Bauteillos vorliegende Reibungsstreuung, die bei der Umsetzung des Drehmoments in axiale Vorspannkraft ins Spiel kommt.

Bild 2.5 zeigt das Verhalten der Montagevorspannkraft $F_M$ beim Anziehen unter Berücksichtigung der Streuung der Reibungszahlen im Gewinde $\mu_{Gmax}$ und $\mu_{Gmin}$. Ferner sind noch Linien gleicher reduzierter Spannung $\sigma_{red} = 0{,}9 R_{p0,2}$ und $R_{p0,2}$ eingetragen. Für die sichere Funktion der Schraubenverbindung ist eine Mindestmontagevorspannkraft $F_{Mmin}$ erforderlich. Unter Berücksichtigung größter Reibung im Gewinde $\mu_{Gmax}$ ist $F_{Mmin}$ bei einem Mindestanziehdrehmoment $M_{Amin}$ erreichbar (Punkt X in Bild 2.5). Die größte Montagevorspannkraft $F_{Mmax}$ stellt sich im Punkt Y bei größtem Anziehdrehmoment $M_{Amax}$ und kleinster Reibung im Gewinde $\mu_{Gmin}$ ein.

Die Schraube muß deshalb für eine vorgegebene Mindestmontagevorspannkraft $F_{Mmin}$, die auch bei ungünstigen Montagebedingungen erreicht werden muß, so ausgelegt werden, daß sie selbst bei Erreichen einer größtmöglichen Vorspannkraft $F_{Mmax}$ eine vorgegebene Grenzgesamtbeanspruchung $\sigma_{red}$ nicht überschreitet. Wegen der Unsicherheit in bezug auf die Streuung der Anziehdrehmomente und der Reibungsverhältnisse wird somit eine Überdimensionierung des Schraubenquerschnitts von $F_{Mmax}/F_{Mmin}$ nötig. Dieses Verhältnis wird mit Anziehfaktor $\alpha_A$ bezeichnet und in folgender Form bei der Schraubendimensionierung berücksichtigt:

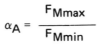

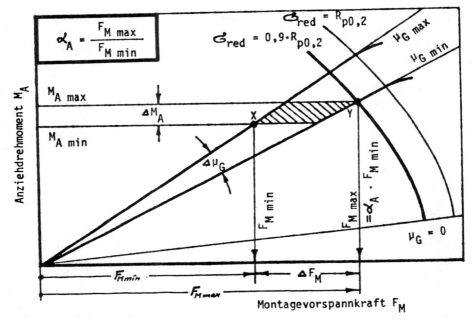

Bild 2.5: Anziehdrehmoment-Vorspannkraft-Diagramm mit Reibungs- und Anziehdrehmomentstreuungen

Ein zunehmender Anziehfaktor $\alpha_A$ bedeutet bei gleicher erforderlicher Mindestvorspannkraft $F_{Mmin}$, daß die Schraube für eine größere - aus der größeren Streuung resultierende - maximale Montagevorspannkraft $F_{Mmax}$ ausgelegt werden muß, was z.B. durch eine proportionale Vergrößerung des Schraubenquerschnitts erreicht werden kann.

Beim drehmomentgesteuerten Anziehen geht sowohl die Streuung der Reibwerte einschließlich der Formabweichungen von Kopfauflage und Gewinde als auch die Ungenauigkeit der Anziehwerkzeuge in die Streuung der erzielten Vorspannkraft ein. Daß die Reibungszahlstreuung der beherrschende Faktor bei der Vorspannkraftstreuung ist, zeigen z.B. die von Junker (3) ermittelten Ergebnisse in Bild 2.6. Selbst wenn es gelänge, mit einer Drehmomentstreuung von annähernd ± 0 % anzuziehen, so würde die Spannkraft in der Regel um ± 20 % streuen. Hierbei ist noch nicht berücksichtigt, daß bei der Schätzung der Reibungszahl mit einem weiteren Fehler gerechnet werden muß, der nach (3) bis zu 20 % betragen kann. Als mittlerer Anziehfaktor wird für das drehmomentgesteuerte Anziehen meist ein Anziehfaktor von $\alpha_A$ = 1,6 angesetzt (4).

Beim drehwinkelgesteuerten Anziehen geht man davon aus, daß zur elastischen Längung der Schraube und zur Zusammenpressung der verspannten Platten die Mutter oder die Schraube um einen definierten Winkel gedreht werden muß. In der Praxis wird die Mutter ( Schraube) durch ein bestimmtes Fügemoment zur Anlage auf den zu verspannenden Teil gebracht, um den Anfangspunkt der Drehwinkelmessung festzulegen. Von diesem Anfangswert an läßt sich unabhängig von der Reibungszahl des Gewindes oder der Auflagefläche durch Drehen der Mutter bzw. der Schraube um den Nachziehwinkel die Vorspannkraft einstellen.

Die Praxis hat gezeigt, daß dieses Verfahren erst dann seine größte Genauigkeit erreicht, wenn die Schraube in den überelastischen Bereich angezogen wird, weil sich dann Winkelfehler wegen des annähernd horizontalen Verlaufs der Verformungskennlinie im überelastischen Bereich kaum auswirken, Bild 2.7.

Im elastischen Bereich hingegen würden Winkelfehler in den steilen Kurvenverlauf des elastischen Teiles der Verformung fallen und Vorspannkraftfehler zur Folge haben, die in der Größenordnung des drehmomentgesteuerten Anziehens lägen.

Wichtig für die Anwendung des Verfahrens ist eine Reserve plastischer Verformbarkeit der Schraube, so daß selbst bei ungewollten zu großen Anzugswinkeln die Schraubenverbindung nicht geschädigt wird. Dies trifft jedoch für Schrauben mit Festigkeitsklassen entsprechend DIN ISO 898 Teil 1 zu.

Da die Gesamtbeanspruchung die Streckgrenze der Schraube immer überschreitet, hängt die Vorspannkraftstreuung im wesentlichen ab von der Streuung der Schraubenstreckgrenze. Die Reibung beeinflußt die Vorspannkraftstreuung nur noch indirekt: Mit zunehmender Gewindereibung $\mu_G$ wird die Torsionsbeanspruchung in der Schraube größer und damit - für gleiche Gesamtausnutzung der Schraube - die axiale Vorspannkraft kleiner.

Bezüglich des Anziehfaktors $\alpha_A$ für die Dimensionierung der Schraube gilt: Obwohl Streuungen des Drehwinkels, der Schraubenstreckgrenze und indirekt auch der Gewindereibungszahl die erreichbare Vorspannkraft beeinflussen ( $\alpha_A > 1$), wird der Anziehfaktor mit $\alpha_A$ = 1 in die Rechnung eingesetzt. Begründung: Eine Überbeanspruchung der Schraube ist bei ausreichender Duktilität des Schraubenwerkstoffes und hinreichender Dehnlänge der Schraube nicht

Schrauben: M10 x 60 DIN 931 - 10.9, zinkphosphatiert, geölt mit Ensis-Fluid
Muttern: M10 DIN 934 - 10, geschwärzt

| Gegenlage | | mit Reibungszahl im Gewinde $\mu_G = 0,15 \pm 14\,\%$ | | | | | |
|---|---|---|---|---|---|---|---|
| Werkstoff | Oberfläche | Reibungszahl unter Kopf | Vorspannkraftstreuung $\pm\,\%$ für Streuung des Anziehdrehmomentes von | | | | |
| | | | $\pm\,0\,\%$ | $\pm\,3\,\%$ | $\pm\,5\,\%$ | $\pm\,10\,\%$ | $\pm\,20\,\%$ |
| St 37 K $R_m = 520$ N/mm² | gefräst $R_t = 10$ µm | $0,16 \pm 28\,\%$ | 19,6 | 19,8 | 20,2 | 22,0 | 28,0 |
| St 37 K $R_m = 520$ N/mm² | gezogen verkadmet 6 µm $R_t = 4,5$ µm | $0,12 \pm 36\,\%$ | 21,9 | 22,1 | 22,5 | 24,1 | 29,7 |
| Ck 65 $R_m = 950$ N/mm² | geschliffen $R_t = 4$ µm | $0,20 \pm 23\,\%$ | 17,7 | 18,0 | 18,4 | 20,3 | 26,7 |
| GG | gehobelt $R_t > 25$ µm | $0,14 \pm 14\,\%$ | 12,3 | 12,7 | 13,3 | 15,9 | 23,5 |
| Al Mg Si 0,5 HB=76 | blank gezogen | $0,12 \pm 48$ | 27,2 | 27,4 | 27,7 | 29,0 | 33,8 |

Bild 2.6: Einfluß der Momentenstreuung bei verschiedenen Reibungszahlstreuungen auf die Vorspannkraftstreuung (3)

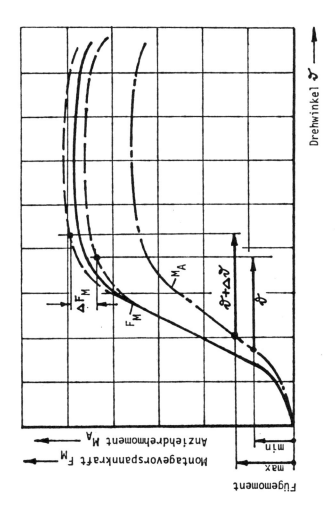

Bild 2.7: Vorspannkraft-Drehwinkel- und Anziehdrehmoment-Drehwinkel-Kurven für das drehwinkelgesteuerte Anziehverfahren

möglich. Schädigungen der Schraubenverbindung durch Anziehen bis zu ihrer Streckgrenze treten nicht ein. Im Gegenteil, derartig angezogene Schraubenverbindungen sind durch einen Ausgleich der Spannungsspitzen an den Kerbstellen sogar bei dynamischen Belastungen wesentlich haltbarer als Schraubenverbindungen, die durch sorgfältigste Montage nur im elastischen Bereich gehalten worden sind. Durch Überschreiten der Streckgrenze des Schraubenwerkstoffes ist allerdings die Wiederverwendbarkeit der Schrauben eingeschränkt.

Eine Beeinträchtigung der Betriebshaltbarkeit der Schrauben ist nicht zu befürchten, weil durch das elastische Zurückfedern des Systems nach dem Montagevorgang mit einem teilweisen Abbau der beim Anziehen eingebrachten Torsionsspannung zu rechnen ist (1). Dadurch entsteht eine Beanspruchungsreserve für die weitere Betriebsbelastung, Bild 2.8. Ferner geht bei ersten Plastifizierungen unter Normalspannung (Betriebskraft) der zweiachsige Spannungszustand in einen einachsigen über, wodurch zunächst keine weiteren plastischen Verformungen stattfinden.

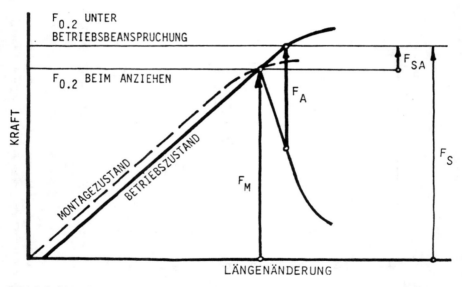

Bild 2.8: Verspannungsschaubild mit Betriebsbeanspruchung nach Anziehen bis Streckgrenze (3)

Das streckgrenzgesteuerte Anziehverfahren umgeht ebenfalls den beherrschenden Einfluß der Reibungsstreuung auf die Genauigkeit der in die Verbindung gebrachten Vorspannung. Das Prinzip der streckgrenzgesteuerten Anziehmethode nutzt die Tatsache aus, daß bei Erreichen der Streckgrenze der Schraube zwischen dem Anziehdrehmoment beziehungsweise der Vorspannkraft und dem Drehwinkel kein linearer Zusammenhang mehr besteht, Bild 2.9. Dieser Streckgrenzpunkt wird ermittelt, indem mit Hilfe moderner Meßtechnik Drehmoment und Drehwinkel bei einem Verschraubungsvorgang in kleinen Intervallen gemessen und diese Meßwerte als Daten benutzt werden, mit deren Hilfe eine Computerschaltung den Abschaltpunkt des Schraubers bestimmt. In dem Augenblick, in dem entweder die Streckgrenze des Schrauben- oder des Bauteilmaterials erreicht wird, weichen die Kraft-Drehwinkel- und auch die Drehmoment-Drehwinkel-Kurven von dem bis dahin linearen Verlauf ab; damit wird $\Delta M_A / \vartheta \neq$ konstant. Daraus leitet sich im Prinzip die Wirkungsweise des streckgrenzgesteuerten Anziehens ab: Drehmoment und Drehwinkel werden während des Anziehvorganges gemessen und differenziert, so daß man die Information $dM_A / d\vartheta =$ konstant als Steuersignal zum Abschalten des Schraubers benutzen kann.

Sowohl für die Betriebsbelastung als auch für den Anziehfaktor gilt das gleiche, wie bereits zum drehwinkelgesteuerten Anziehen ausgeführt.

In Bild 2.10 ist ein Vergleich der Streuung und der Höhe der Vorspannkraft für drehmoment- und winkelgesteuertes bzw. streckgrenzgesteuertes Anziehen am Beispiel einer Schraube M10 DIN 931 −10.9 unter Berücksichtigung üblicher Reibwertstreuungen und Streckgrenzausnutzungen dargestellt. Der Vergleich zeigt, daß die durch eine gleichgroße Streuung der Gewindereibungszahl ($\mu_G$ = 0,12 bis 0,16) hervorgerufene Streuung der Montagevorspannkraft infolge der Konstanz der Gesamtbeanspruchung beim streckgrenzgesteuerten Anziehen ( B→ C) erheblich geringer ist als beim drehmomentgesteuerten. Die vergleichbaren Kräfte betragen in diesem Beispiel für das drehmomentgesteuerte Anziehen $F_{Mmin}$ = 25 kN und für die streckgrenzüberschreitenden Verfahren $F_{Mmin}$ = 40 kN. Während sich für das drehmomentgesteuerte Anziehen ein Anziehfaktor $\alpha_A$ = 38/25 = 1,5 errechnet, kann für das streckgrenzgesteuerte Verfahren mit $\alpha_A$ = 1 gerechnet werden, weil — wie beim drehwinkelgesteuerten Anziehen — eine Überbeanspruchung der Schraube nicht möglich ist.

Die Streuung der Vorspannkraft wird als Anziehfaktor $\alpha_A$ in der Dimensionierungsrechnung berücksichtigt, um eventuelle Überbeanspruchungen der Schraube schon bei der Montage zu vermeiden. Damit wird deutlich, daß der Genauigkeit der zu wählenden Montagemethode eine entscheidende Bedeutung zukommt. In Bild 2.11 sind in vereinfachter Form Angaben zu den Anziehfaktoren $\alpha_A$ gemacht. In Bild 2.12 ist der Zusammenhang zwischen Anziehfaktor und Vorspannkraftstreuung deutlich gemacht. Einem Anziehfaktor von $\alpha_A$ = 1,6 entspricht z.B. eine Streuung der Vorspannkraft von ± 20 %.

So kann beispielsweise bei der genaueren, aber meist teureren Anziehmethode eine kleinere Schraubenabmessung als bei einem ungenaueren und billigeren Verfahren gewählt werden, Bild 2.13. Es bedarf daher einer wertanalytischen Über-

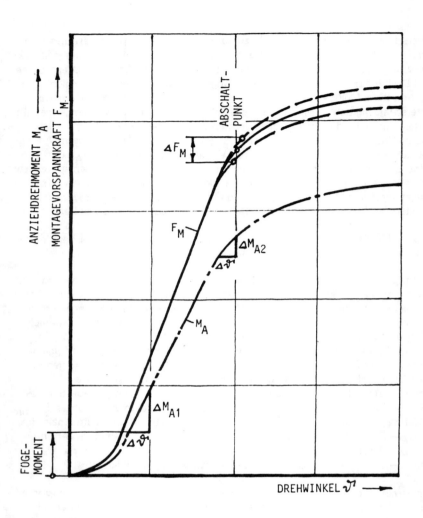

Bild 2.9: Vorspannkraft-Drehwinkel- und Anziehdrehmoment-Drehwinkel-Kurven für das streckgrenzgesteuerte Anziehen (1)

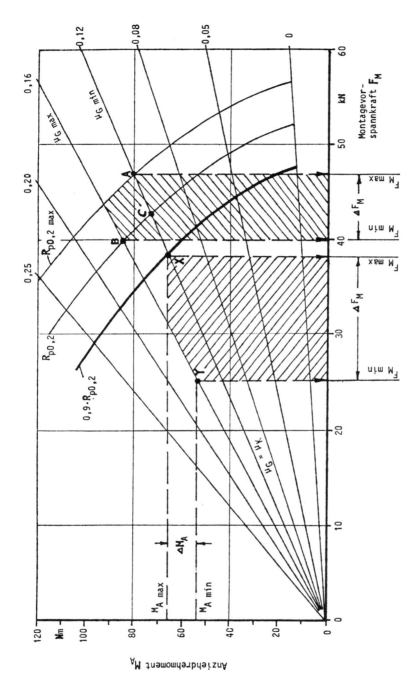

Bild 2.10: Vergleich der Streuung und der Höhe der Vorspannkraft für drehmoment- und winkelgesteuertes (bzw. streckgrenzgesteuertes) Anziehen am Beispiel M10 DIN 931–10.9

| ANZIEHVERFAHREN | $\alpha_A$ |
|---|---|
| Anziehen mit Schlagschrauber | 3 |
| Anziehen mit Drehschrauber | 2 |
| Anziehen mit Präzisionsdrehschrauber | 1,6 |
| Anziehen mit Drehmomentschlüssel | 1,6 |
| Anziehen mit Längsmessung der Schraube | 1,2 |
| Drehwinkelgesteuertes Anziehen | 1 |
| Streckgrenzgesteuertes Anziehen | 1 |

Bild 2.11: Richtwerte für Anziehfaktor $\alpha_A$

legung, ob mit einer hochgenauen, aber teuren Montagemethode - durch kleinere Dimensionierung der ganzen Verbindung - niedrigere Kosten erreichbar sind. Dabei ist zu berücksichtigen, daß auch alle anderen Anschlußmaße kleiner ausfallen und die Konstruktion entsprechend leichter wird.

## 2.3. Sichern von Schraubenverbindungen

Die erforderliche Schraubenspannkraft muß bei allen auf die Schraubenverbindung wirkenden Beanspruchungen aufrechterhalten werden. Für einen eventuellen Verlust dieser Klemmkraft gibt es zwei völlig verschiedene Versagensursachen, weshalb der *Begriff Lösen ersetzt* wurde durch die präziseren Ausdrücke: *LOCKERN* von Schraubenverbindungen durch Vorspannkraftverlust infolge Setzens oder anderer bleibender Längenänderungen sowie *LOSDREHEN* von Schraubenverbindungen infolge Querschiebungen im Gewinde, vergl. Bild 2.14.

Während das Lockern durch Setzen vergleichsweise harmlos ist, kommt dem selbsttätigen Losdrehen eine besondere Bedeutung zu. Seit 1966 ist nachgewiesen (5), daß sich unter bestimmten Voraussetzungen eine Schraubenverbindung auch unter voller Vorspannkraft losdrehen kann. Wird nämlich unter dynamischer Beanspruchung senkrecht zur Schraubenachse der Reibschluß durchbrochen und es kommt zu kleinen Relativbewegungen zwischen den verspannten Teilen, so wird die Verbindung scheinbar reibungsfrei. Es entsteht ein sogenanntes inneres Losdrehmoment von der Größe (7):

$$M_{Li} = - \frac{F_M \cdot P}{2 \cdot \pi} = - 0{,}16 \cdot P \cdot F_M$$

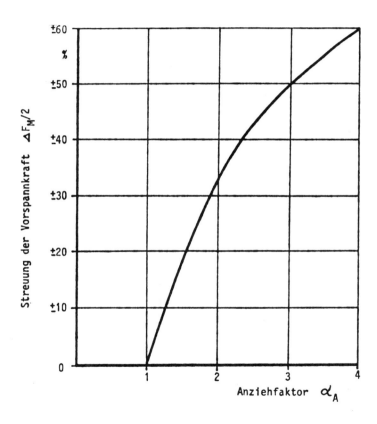

Bild 2.12: Zusammenhang zwischen Vorspannkraft-Streuung und Anziehfaktor

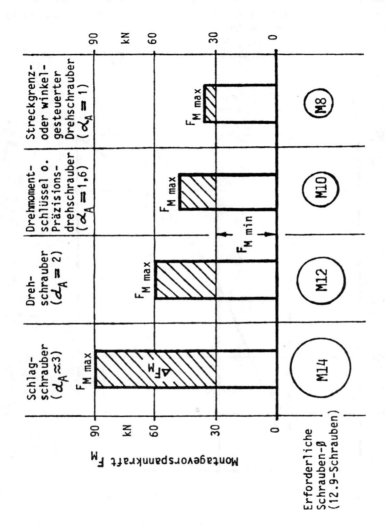

Bild 2.13: Einfluss der Anziehmethode auf die Streuung der Vorspannkraft und damit auf den erforderlichen Schraubendurchmesser

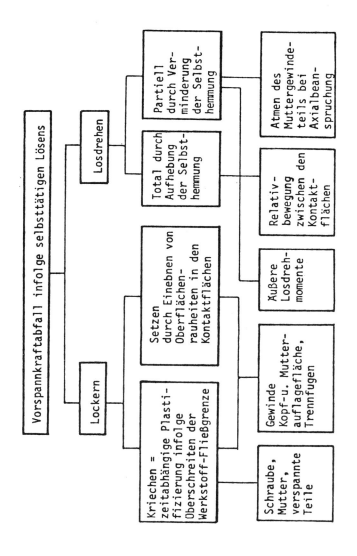

Bild 2.14: Ursachen für den Vorspannkraftabfall in schwingbeanspruchten Schraubenverbindungen (6)

In Bild 2.15 ist das innere Losdrehmoment für verschiedene Abmessungen und Festigkeitsklassen aufgetragen. Wenn durch konstruktive oder andere Maßnahmen ( zum Beispiel durch Formschluß oder hohe Vorspannkraft) nicht verhindert werden kann, daß Relativbewegungen auftreten, müssen Sicherungselemente eingesetzt werden, die in der Lage sind, dieses innere Losdrehmoment sicher aufzunehmen.

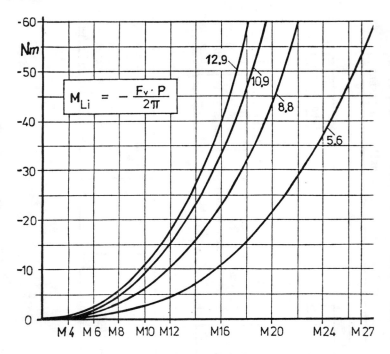

Bild 2.15: Inneres Losdrehmoment infolge Relativbewegungen

Zur Beurteilung, ob ein bestimmtes Sicherungselement in der Lage ist, das innere Losdrehmoment aufzunehmen, hat sich ein Prüfverfahren bewährt, das eine praxisnahe Prüfung von Losdrehsicherungen ermöglicht. Bild 2.16 zeigt die Gesamtansicht, Bild 2.17 den zentralen Teil einer Vibrationsmaschine, auf der Schrauben- und Mutternsicherungen unter dynamischer Querbelastung geprüft werden können. Während des Vibrationsversuches wird die Vorspannkraft über die Anzahl der Lastwechsel mit einem X-Y-Schreiber aufgezeichnet.

Einige typische "Losdrehkurven" sind in Bild 2.18 gezeigt (7). Die Versuche wurden mit Schrauben M10 x 25 gefahren, die Vorspannkraft betrug 30.000 N = 100%.

Bild 2.16: Gesamtansicht eines Schraubenprüfstandes

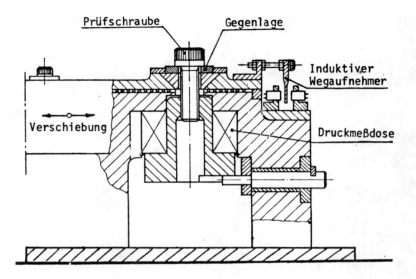

Bild 2.17: Zentraler Teil des Schraubenprüfstandes

Bild 2.19 zeigt eine Kronenmutter mit Splint und eine Scheibe mit Nase, die in diesem Test versagten. Solche Elemente können nur für niedrige Vorspannung eingesetzt werden: Verliersicherung. Die Bilder 2.20 und 2.21 zeigen eine Sperrzahnschraube und eine Schraube mit mikroverkapseltem Klebstoff, die sich als gute Losdrehsicherung bewährt haben.

Aus den Losdrehkurven in Bild 2.18 ist ersichtlich, daß sich die untersuchten Elemente hinsichtlich ihrer Wirksamkeit gegen selbsttätiges Losdrehen in folgende 3 Gruppen einteilen lassen, vergl. Bild 2.22:

a) Unwirksame Elemente:

Die Losdrehkurven solcher Elemente erreichen die Nullinie nach relativ geringen Lastspielzahlen, d. h. die Restvorspannkraft ist Null. Zu dieser Gruppe zählen die meisten mitverspannten federnden Elemente.

b) Verliersicherung

Sie können ein teilweises Losdrehen nicht verhindern, wohl aber das vollständige Auseinanderfallen der Verbindung. Die Restvorspannkraft liegt meist bei etwa 10 bis 50 % der ursprünglichen Vorspannkraft. Hierzu zählen die formschlüssigen und die klemmenden Elemente.

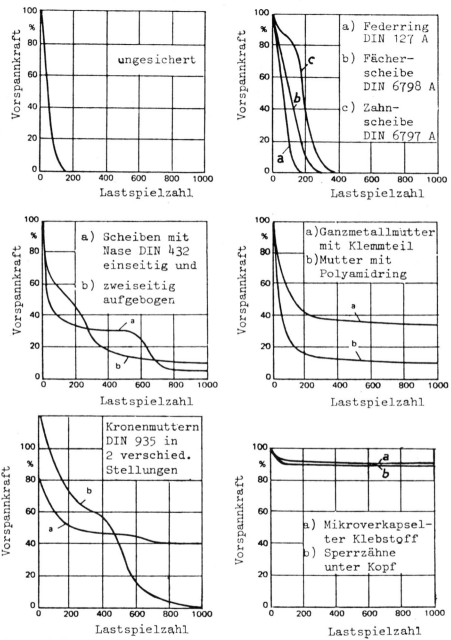

Bild 2.18: Typische Losdrehkurven, ermittelt an Schrauben M10x25
DIN 933–8.8 (30.000 N = 100 %)

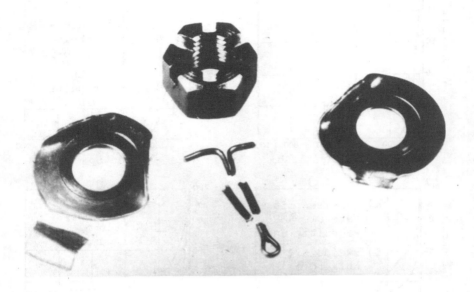

Bild 2.19: Kronenmutter mit Splint sowie Scheiben mit Nase, die im Rüttelversuch versagten

Bild 2.20: Sperrzahnschraube

Bild 2.21: Schraube mit mikroverkapseltem Kleber

    c) Losdrehsicherung:

    Diese Elemente verhindern entweder die Relativbewegungen bei Beanspruchung quer zur Schraubenachse (z.b. Klebstoff) oder sie sind in der Lage, das bei Vibration entstehende innere Losdrehmoment zu blockieren (z.B. Sperrzahnschrauben). Dadurch wird annähernd die volle Vorspannkraft aufrechterhalten. Derartige Sicherungselemente haben sich insbesondere bei kurzen querbeanspruchten Schraubenverbindungen bewährt, bei denen eine Querschiebung nicht auszuschließen ist.

Nach Kenntnis der Mechanik des selbsttätigen Lösens ist die Entscheidung über eine eventuell erforderliche Sicherungsmaßnahme nicht schwer. Zunächst muß gefragt werden, wogegen gesichert werden soll (Lockern? Losdrehen?). In Bild 2.23 sind Sicherungsmaßnahmen gegen Lockern und in Bild 2.24 gegen Losdrehen und Verlieren aufgelistet. Läßt sich selbsttätiges Lösen durch konstruktive Mittel nicht verhindern, so muß ein für die jeweilige Beanspruchung geeignetes Sicherungselement eingesetzt werden.

In Bild 2.25 sind die auf dem Markt vorhandenen Sicherungselemente, entspechend den beiden verschiedenen Möglichkeiten des Vorspannkraftverlustes (Lockern oder Losdrehen), nach ihrer Wirksamkeit in nur 3 Gruppen und nach ihrer Funktion in insgesamt 5 Gruppen eingeteilt.

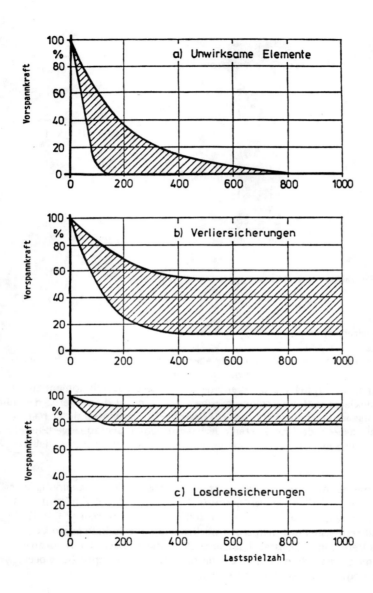

Bild 2.22: Wirksamkeit der verschiedenen Elemente gegen Losdrehen

Konstruktive Gestaltung:
- Längere Schrauben einsetzen ($l_K/d > 2$).
- Hohe Vorspannkräfte durch Einsatz hochfester Schrauben und Anwendung kontrollierter Anziehverfahren.
- Dünnere Schrauben bei gleichzeitig höherer Festigkeit einsetzen, z.B. M10-10.9 statt M12-8.8
- Flanschschrauben/-muttern einsetzen, falls Flächenpressung zu hoch.

Mitverspannte federnde Elemente:
- Spannscheiben DIN 6796, DIN 6908 mitverspannen.
- Tellerfedern mitverspannen.

Bild 2.23: Sicherungsmaßnahmen gegen Lockern

## 2.4 Fazit

Mit zunehmender Vorspannkraft vermindert sich die Gefahr des selbsttätigen Lösens und des Dauerbruchs erheblich. Die Betriebssicherheit einer hochfesten Schraubenverbindung wird mit zunehmender Klemmlänge weiter erhöht. Die einfachsten und wirkungsvollsten Sicherungsmaßnahmen gegen Lockern, Losdrehen und Dauerbruch einer Schraubenverbindung sind:

a) große Klemmlängen und
b) hohe Vorspannkräfte anstreben.

Höhe und Streuung der Vorspannkraft werden wesentlich von dem gewählten Montageverfahren beeinflußt. Je genauer die Anziehmethode, d.h. je kleiner der Anziehfaktor $\alpha_A$ ist, desto geringer ist auch die Vorspannkraftstreuung und umso höher wird - bei gegebener Abmessung und Festigkeit - die einstellbare Mindest- Vorspannkraft. Die überelastischen Anziehverfahren - drehwinkelgesteuertes und streckgrenzgesteuertes Anziehen - haben hier entscheidende Vorteile gegenüber den herkömmlichen Verfahren. Insofern hat sich die Problematik von der Schraube auf die Anziehmethode verlagert.

Konstruktive Gestaltung:
Grundregel: "Konstruiere so, daß keine Relativbewegungen in den Trennfugen oder an den Gewindeflanken entstehen."

Mögliche Maßnahmen:
- Hohe Vorspannkräfte durch Verwendung hochfester Schrauben **und** Anwendung kontrollierter Anziehverfahren.
- Große Grenzverschiebung der Schraube durch große Klemmlänge, z.B. $l_K/d > 5$.
- Schlupfbegrenzung durch Verwendung von Paßschrauben oder gewindeformenden Schrauben ohne Gewindespiel.
- Größere Reibung bzw. Haftung in den Auflageflächen, z.B. durch konkave Auflage.

Einsatz von Sicherungselementen:

- Sperrzahnschrauben/-Muttern
- Klebstoffe (flüssige und mikroverkapselte) } Losdrehsicherungen

- Formschlüssige Elemente
- Klemmende Elemente } Verliersicherungen

Bild 2.24: Sicherungsmaßnahmen gegen Losdrehen und Verlieren

| URSACHE des Lösens | Einteilung der Sicherungselemente nach | | |
|---|---|---|---|
| | WIRKSAMKEIT | FUNKTION | BEISPIEL |
| LOCKERN durch Setzen | Setzsicherung | Mitverspannte federnde Elemente | Tellerfedern<br>Spannscheiben DIN 6796 und 6908<br>Kombischrauben DIN 6900 und 6901<br>Kombimuttern |
| LOSDREHEN durch Aufhebung der Selbsthemmung | Verliersicherung | Formschlüssige Elemente | Kronenmuttern DIN 935<br>Schrauben mit Splintloch DIN 962<br>Drahtsicherung<br>Scheibe mit Außennase DIN 432 |
| | | Klemmende Elemente | Ganzmetallmuttern mit Klemmteil<br>Muttern mit Kunststoffeinsatz<br>Schrauben mit Kunststoffbeschichtung im Gewinde<br>Gewindefurchende Schrauben DIN 7500 |
| | Losdrehsicherung | Sperrende Elemente | Sperrzahnschrauben<br>Sperrzahnmuttern |
| | | Klebende Elemente | "Mikroverkapselte Schrauben"<br>Flüssig-Klebstoff |

Bild 2.25: Einteilung der Sicherungselemente

# 3 Kleinschrauben in der automatischen Schraubenmontage

H. Großberndt

## 3.1 Einführung

Ausgehend von der Überlegung, daß das Automatisieren einer Schraubenmontage nicht nur den Bau oder Kauf eines zuverlässig arbeitenden Montageautomaten bedeutet, sondern bereits bei der Konstruktion mit der Auswahl des Verbindungssystems beginnt und dessen Wirkung auf die Gebrauchs- und Verarbeitungseigenschaften der zu verbindenden Bauteile letztlich für die Auswahl des Montageautomaten ausschlaggebend ist, schien eine Übersicht über die heute verfügbaren Kleinschrauben zweckmäßig.

Das folgende Kapitel befaßt sich darum mit den aus den klassischen Kleinschrauben abgeleiteten selbst ihr Innengewinde formenden und selbst ihr Kernloch bohrenden Schrauben.

## 3.2 Was sind Kleinschrauben?

Bei Schraubenherstellern hat sich eingebürgert zwischen Kleinschrauben und hochfesten Schrauben zu unterscheiden. Diese Differenzierung leitet sich ab aus den unterschiedlichen Anlagen und Verfahren, die bei der Herstellung beider Gattungen verwendet werden. Es hat sich aber gezeigt, daß diese Unterscheidung auch vorteilhaft sein kann im Hinblick auf die Schraubenanwendung. Nachteilig ist jedoch, daß die beiden Begriffe nicht deutlich abgrenzbar und leicht irreführend sind. Denn sowohl die Schraubengröße wie auch die Werkstoffeigenschaften überschneiden sich wechselseitig.

*Hochfeste Schrauben* sind im engeren Sinne Schrauben und ähnliche Gewinde- und Formteile bis 39 mm Ø aus unlegierten oder niedrig legierten Stählen mit festgelegten physikalischen Eigenschaften (DIN ISO 898 Teil 1). Im Sinne einer Abgrenzung zu Kleinschrauben zählen auch Schrauben und Formteile aus Ne-Metallen, rostfreien Stählen, warmfesten Stählen etc. dazu.

Sie unterliegen strengen, festgelegten Qualitätskontrollen und sind gewöhnlich durch Kopfprägung markiert mit der Festigkeitsklasse und dem Herstellerzeichen.

Als Verbindungselemente decken sie vordergründig die Bereiche der *lebenswichtigen Bauteile* ab. Demzufolge liegen typische Anwendungsbereiche z.b. im Fahrzeug- und Flugzeugbau, Reaktorbau, Schiffbau, Stahlhochbau etc.

Bezüglich ihrer geometrischen Formgebung unterscheiden sich Standardschrauben (z.b. Sechskant- und Innensechskantschrauben) von Konstruktionsschrauben (z.b. Dehnschaftschrauben, Radbefestigungsschrauben etc.).

Für die Berechnung steht heute ein umfassendes, in sich geschlossenes Formelmaterial zur Verfügung (VDI 2230) mit folgender Konzeption:

Ein kraftführender Schraubenverband ist so auszulegen, daß ohne maßliche oder festigkeitsmäßige Überdimensionierung folgende Anforderungen erfüllt werden.

- Die bei der Montage und im Betrieb auftretenden Kräfte dürfen die am Verband beteiligten Komponenten nicht überbeanspruchen.

- Während des Betriebes muß eine Klemmkraft aufrecht erhalten bleiben, um eine Dichtkraft zu gewährleisten, den Reibungsschluß der Trennfugen aufrecht zu erhalten oder ein Klaffen der verschraubten Teile zu verhindern.

- Die der Schraube durch betriebsbedingte Wechselbelastung aufgeprägten Spannungsausschläge dürfen deren Dauerhaltbarkeit nicht übersteigen.

*Kleinschrauben*

Während die Entwicklung der hochfesten Schrauben zum großen Teil darauf abzielte, durch gesteigerte Werkstoffestigkeiten und deren Ausnutzung zu Materialeinsparungen sowohl bei Schrauben wie an Bauteilen zu gelangen, sind die Entwicklungen von Kleinschrauben eher im Hinblick auf Senkung der Montagekosten betrieben worden.

Kleinschrauben eignen sich im allgemeinen nicht als Sicherheitsschrauben auf Grund ihrer anders gearteten Werkstoffeigenschaften, die der Lösung anderer Aufgabenstellungen zugedacht sind. Gleichzeitig werden jedoch auch Kleinschrauben in Form von Schlitz- oder Kreuzschlitzschrauben sowie in vielen Sonderformen in den hochfesten Werkstoffklassen hergestellt und auch so verarbeitet.

Im allgemeinen aber liegen die typischen Anwendungsbereiche für Kleinschrauben in der Feinwerktechnik, im Elektrogerätebau bei der Herstellung von Haushaltsgeräten, zum Teil auch im Stahlleichtbau, bei der Blechverarbeitung usw.

Die heute zur Verfügung stehenden "rationellen" Kleinschrauben haben im wesentlichen ihren Ursprung in den Schlitzkopfschrauben mit Normalgewinden (z.B. metrisches ISO-Gewinde DIN 13 Teil 13).

Für die Verbindung dünner Bleche wurde um die Jahrhundertwende in USA das Blechschraubengewinde entwickelt, dessen Gewindegeometrie entsteht, wenn am Normalgewindeprofil jeder zweite Gewindegang unterbrochen wird (Spacedthread), was zu der heute üblichen Bezeichnung ST für Blechschraubengewinde geführt hat.

Aus diesen beiden Gewindearten leiten sich einige Weiterentwicklungen ab. Aus dem Normalgewinde sind z.b. selbstschneidende und selbstfurchende Schrauben entstanden (Tabelle 3.1), und aus dem Blechschraubengewinde leiten sich die Bohrschrauben her (Tabelle 3.2).

Im Hinblick auf die Weiterentwicklung der Schraubenantriebe sind zunächst die Kreuzschlitzantriebe entstanden. Die heute am häufigsten verwendeten Typen sind das Phillipskreuz und das Pozidrivkreuz DIN 7962 From H und Form Z. Außerdem existieren eine Reihe verschiedener Formen, die jedoch bisher kaum praktische Bedeutung gewonnen haben, z.B. Supadriv, Torque Set oder solche, die nur in speziellen Anwendungsbereichen verwendet werden, z.B. Triwing im Flugzeugbau (Bild 3.1).

Um Kreuzschlitzschrauben auch mit gewöhnlichen Längsschlitzschraubendrehern montieren zu können, werden gelegentlich auch Kombinationsformen verwendet.

Eine Innenantriebsform, die auch für die automatische Verarbeitung an Bedeutung gewonnen hat, ist der sogenannte Torx-Antrieb, eine gerundete Innensechszahnform, bei welcher der den Kreuzschlitzantrieben eigentümliche cam out-Effekt unterbleibt. Auch Torx-Antriebe werden als sogenannte Kombinantriebe hergestellt, die mit normalen Längsschlitzschraubendrehern betrieben werden können.

Für die Gestaltung der Gewindeenden sind eine Reihe verschiedener Geometrien nach DIN 78 (Bild 3.2) genormt. Besonders gute Zentriereigenschaften werden der Ansatzspitze (Asp) zugeschrieben.

Kombischrauben sind Schrauben mit unverlierbar aufgebrachten Scheiben oder Sicherungselementen und sind genormt für Schrauben mit metrischen Gewinden in DIN 6900 (Bild 3.3) und für Blechschrauben in DIN 6901.

| Benennung / Kopfform / Gewinde | Zylinderkopf | Flachkopf | Senkkopf | Linsensenkkopf | Linsenkopf | Senkkopf | Linsensenkkopf | Sechskant-K. | Innenskt-Kopf |
|---|---|---|---|---|---|---|---|---|---|
| Metrisches ISO-Gewinde DIN 13 | DIN 84 M1÷M10; DIN 8243 M0,3÷M1,4 | DIN 85 M3÷M10 | DIN 963 M1–M10; DIN 8245 M0,4÷M1,4 | DIN 964 M1÷M10 | DIN 7985 M1,6÷M10 | DIN 965 M1,6÷M10 | DIN 966 M1,6÷M10 | DIN 933; DIN 931 | DIN 912 |
| Selbst-Furchendes Metrisches Gewinde DIN 7500 | DIN 7500 A M2÷M10 | DIN 7500 B M3÷M6 | DIN 7500 K M2÷M10 | DIN 7500 L M2÷M10 | DIN 7500 C M2÷M10 | DIN 7500 M M2÷M10 | DIN 7500 N M2÷M10 | DIN 7500 D M2÷M10 | DIN 7500 E |
| Selbst-Schneidendes Metrisches Gewinde DIN 7513 / 7516 | DIN 7513 B M2,5–M8 | | DIN 7513 F M2,5÷M8 | DIN 7513 G M2,5–M8 | DIN 7516 A M2,5÷M8 | DIN 7516 D M2,5–M8 | DIN 7516 E M2,5–M8 | DIN 7513 A M5÷M8 | |

Tabelle 3.1: Genormte Kleinschrauben-Köpfe für metrisches Regelgewinde, sowie selbstschneidendes und selbstformendes Gewinde

| Benennung | Zylinderkopf | Senkkopf | Linsensenkopf | Linsenkopf | Senkkopf | Linsensenkopf | Flachrundkopf mit Flansch | Sechskant-K | Sechskt-Kopf mit Flansch |
|---|---|---|---|---|---|---|---|---|---|
| Blechschrauben - Gewinde DIN 7970 | DIN 7971 ST 2,2÷6,3 | DIN 7972 ST 2,2÷6,3 | DIN 7973 ST 2,2÷6,3 | DIN 7981 ST 2,2÷6,3 | DIN 7982 ST 2,2÷6,3 | DIN 7983 ST 2,2÷6,3 | ST 2,2÷6,3 | DIN 7976 ST 2,2÷8 | ST 2,2÷8 |
|  |  |  |  | DIN 7504 N ST 2,9÷6,3 | DIN 7504 P ST 2,9÷6,3 | DIN 7504 Q ST 2,9÷6,3 |  |  | DIN 7504 K DIN 7504 L mit Schlitz ST 2,9÷6,3 |

Tabelle 3.2: Genormte und übliche Schraubenköpfe für Blechschraubengewinde und Bohrschrauben

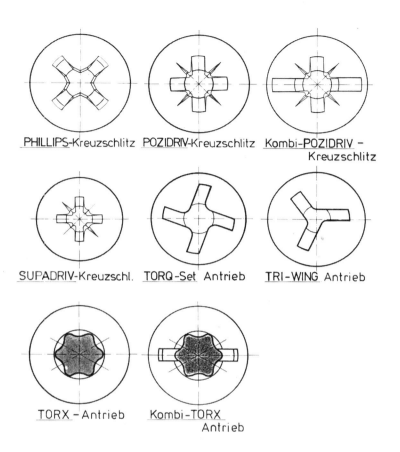

Bild 3.1: Formen einiger Innenantriebsformen für Kleinschrauben

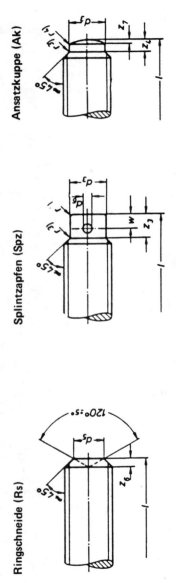
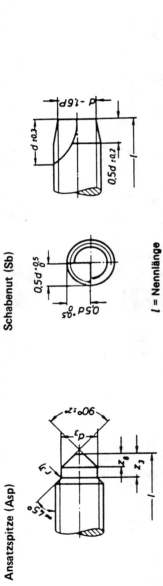

$l$ = Nennlänge

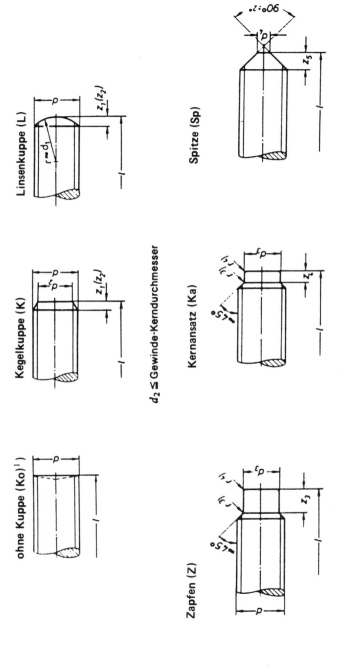

Bild 3.2: Gewindeenden nach DIN 78

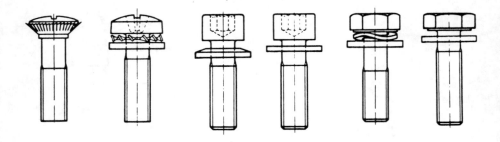

Bild 3.3: Beispiele aus DIN 6900 Kombischrauben

## 3.3 Gewindeformende Schrauben

Diese Gattung zielt darauf ab, durch Einsparung separater Innengewindeherstellung Fertigungskosten einzusparen. Während des Eindrehvorganges erzeugt die Schraube im Werkstück ihr Innengewinde selbst. Das kann spanabhebend geschehen (DIN 7513 und 7516) oder spanlos (DIN 7500). Als Sammelbegriff spricht man von gewindeformenden Schrauben, man unterteilt also in gewindeschneidende Schrauben und gewindefurchende Schrauben.

### 3.3.1 Gewindeschneidschrauben

Gewindeschneidschrauben besitzen auf dem Gewindeschaft mehrere zur Schraubenachse hin geneigte Schneidnuten und einen auf die Länge von 1/2 d zugespitzten Gewindeanfang (Bild 3.4). Sie eignen sich besonders gut für die Anwendung in Gußwerkstoffen und anderen, ähnlich kurz spanenden Werkstoffen.

Ihre Eignung zum Gewindeschneiden erhalten die Schrauben durch Einsatzvergüten. Dieses Verfahren bewirkt hohe Randhärten bei guter Kernzähigkeit.

In DIN 7513 und 7516 sind Maße, Anforderungen und die Prüfung von Gewindeschneidschrauben festgelegt. Die Kopfformen leiten sich aus den Sachnormen der klassischen Schlitz- und Kreuzschlitzschrauben ab bzw. sind diesen identisch (Tabelle 3.1). Zulässige Maßabweichungen sind in DIN ISO 4759 Teil 1 Produktklasse A geregelt. Die genormten Nenndurchmesser und Schraubenlängen sind in Tabelle 3.3 zusammengestellt. Die Längen sind mit js 16 größer toleriert als die vergleichbaren Schlitzschrauben mit js 15.

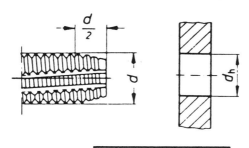

| $d$ | $d_h$ min | $d_h$ max |
|---|---|---|
| M 2,5 | 2,2 | 2,3 |
| M 3 | 2,7 | 2,8 |
| M 4 | 3,6 | 3,72 |
| M 5 | 4,5 | 4,62 |
| M 6 | 5,5 | 5,62 |
| M 8 | 7,4 | 7,55 |

Bild 3.4: Gewindeebene und Kernlochdurchmesser für selbstschneidende Schrauben nach DIN 7513 und 7516

Hauptmerkmale für die qualitative Bewertung sind:

— Randhärte
— Mindestbruchmoment  (Tabelle 3.4)
— Mindestzugbruchkraft
— erzeugtes Muttergewinde

Das Schraubengewinde soll so beschaffen sein, daß das geschnittene Innengewinde eine Schraube mit metrischem Regelgewinde (DIN 13 Teil 15, Toleranz 6 h) aufnehmen kann.

Die Kernlochdurchmesser $d_h$ (Bild 3.3) liegen abhängig vom Nenndurchmesser zwischen dem 0,88-fachen und dem 0,94-fachen des Nenndurchmessers.

| Länge | | Gewinde - ø | | | | | | | | |
|---|---|---|---|---|---|---|---|---|---|---|
| Nennlänge l | Toleranz js 16 | M 2 ③ | M 2,5 ③ | M 3 | M 3,5 | M 4 | M 5 | M 6 | M 8 | M 10 |
| 3 | ± 0,30 | ① | | | | | | | | |
| 4 | | | ① | ① | | | | | | |
| 5 | ± 0,375 | | | ① | ① | | | | | |
| 6 | | | ② | ② | ① | ① | | | | |
| 8 | ± 0,45 | | | | | ② | ① | ① | | |
| 10 | | | | | | | ② | | ① | |
| 12 | | | DIN 7513 7516 | | DIN 7500 | | | | ② | ① | ① |
| (14) | ± 0,55 | | | | | | | | | ① |
| 16 | | | | | | | | | | ① |
| (18) | | | | | | | | DIN 7513 7516 | | | |
| 20 | | | | | | | | | | |
| (22) | | | | | | | | | | |
| 25 | ± 0,65 | | | | | | | | | |
| (29) | | | | | | | | | | |
| 30 | | | | | | | | | | |
| 35 | | | | | | | | | | |
| 40 | ± 0,95 | | | | | | | | | |
| 45 | | | | | | | | | | |
| 50 | | | | | | | | | | |
| 55 | | | | | | | | | | |
| 60 | ± 1,10 | | | | | | | | | |
| 70 | | | | | | | | | | |
| 80 | | | | | | | | | | |

① DIN 7500 nicht für Form K,L,M,N  = Senk- u. Linsensenkschraube
② DIN 7513 7516 nicht für Form D,E,F,G  = Senk- u. Linsensenkschraube
③ DIN 7513 nicht für Form A  = Sechskantkopf

Tabelle 3.3: Standard-Durchmesser und -Längen gewindeformender Schrauben nach DIN 7500, 7513 und 7516

Eigenschaften Gewindefurchender Schrauben gemäß DIN 7500 und Gewindeschneidender Schrauben gemäß DIN 7513 und DIN 7516.

| Gewinde | Metallurgische Eigenschaften | | | Mechanische Eigenschaften | | Eignung z. Formen des Muttergewindes | | |
|---|---|---|---|---|---|---|---|---|
| $d_0$ | Randhärte Kernhärte HV 03 | Eht 450 min. | Eht 450 max. | Mindest-Bruch-Momente Nm | Mindest-Zugbruch-Last N | Prüfplatte | Loch-⌀ Tol H9 | max. Furch-Momente Nm |
| M2 | | 0,04 | 0,12 | 0,5 | 1650 | | 1,8 | 0,3 |
| M2,5 )¹ | | 0,04 | 0,12 | 1,0 | 2700 | | 2,3 (2,2) | 0,6 |
| M3 | | 0,05 | 0,18 | 1,5 | 4000 | C-Gehalt ≤ 0,23% Härte HB 110 ÷ 130 Dicke $s = d_0$ | 2,75 (2,7) | 1,0 (0,9) |
| M3,5 )¹ | 450 / 240 − 390 | 0,05 | 0,18 | 2,3 | 5400 | | 3,2 | 1,6 |
| M4 | | 0,10 | 0,25 | 3,4 | 7000 | | 3,6 | 2,4 (2,1) |
| M5 | | 0,10 | 0,25 | 7,1 | 12400 (11400) | | 4,6 (4,5) | 4,7 (4,2) |
| M6 | | 0,15 | 0,28 | 12,0 | 16000 | | 5,5 | 8,0 (7,2) |
| M8 | | 0,15 | 0,28 | 29,0 (28,0) | 29000 | | 7,4 | 20 (17) |
| M10 )¹ | | 0,15 | 0,32 | 59,0 | 40000 | | 9,3 | 39 |

)¹ Größen sind nicht verfügbar nach DIN 7513 u. 7516
Die von DIN 7500 abweichenden Werte sind für DIN 7513 u. 7516 eingeklammert.

Tabelle 3.4: Eigenschaften gewindeformender Schrauben gemäß DIN 7500, 7513 und 7516

Im Vergleich zu selbstfurchenden Schrauben (DIN 7500) ist die Verfügbarkeit selbstschneidender Schrauben in Bezug auf Gewindedurchmesser und Schraubenlängen geringer (siehe Tabelle 3.3).

Nachteilig kann die Spanbildung beim Gewindeschneiden sein. Vorteilhaft im Vergleich zu selbstfurchenden Schrauben ist die unkompliziertere Handhabung der Gewinde-Schneidschrauben, was sich z.B. auch im Vergleich der empfohlenen Lochdurchmesser (Bild 3.5 und Tabelle 3.5) zeigt.

## Richtwerte für Lochdurchmesser   DIN 7500 Teil 2

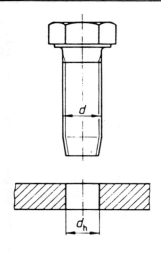

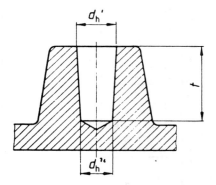

Gegossene Löcher in Al- und Zn-Legierungen

Bei gegossenen Löchern in Al- und Zn-Legierungen gelten die Lochdurchmesser als Mittelwert aus $d_h'$ und $d_h''$ bei einer Lochtiefe von $t \approx 2d$.

Bild 3.5: Lochdurchmesser für gewindefurchende Schrauben nach DIN 7500, Teil 2

### 3.3.2 Gewindefurchende Schrauben

Im Gegensatz zur spanbildenden Erzeugung des Muttergewindes bei den Gewindeschneidschrauben erzeugen gewindefurchende Schrauben das Muttergewinde spanlos. Das setzt duktile Bauteilewerkstoffe voraus. Geeignet sind z.B. metallische Werkstoffe mit Bruchdehnungen von $A_5$ mind. 8 %. Bei Druckgußlegierungen reichen u.U. auch geringere Bruchdehnungen von $A_5$ mind. 5 %. Gut geeignet sind Werkstücke aus niedrig legierten Stählen bis ca. 600 N mm$^2$ Bruchfestigkeit,

Al- und Al-Legierungen, Al- und Zn-Druckguß, Kupfer- und Kupferlegierungen mit mehr als 63 % Kupfer, Zink- und Zinklegierungen. Nicht oder wenig geeignet sind z.b. nicht-rostende Stähle, Grauguß, Magnesiumlegierungen. Diese Werkstoffe mit geringem Umformvermögen neigen zu Flitterbildungen und Kaltverschweißungen. Das erzeugte Muttergewinde ist dann rauh und ungenau ausgebildet.

Die DIN 7500 schreibt die Gestalt der Furchspitze nicht vor. Vorgegeben ist lediglich die Länge, die maximal 4 Gewindesteigungen betragen darf. Der Grund dafür ist in der Existenz mehrerer, zum großen Teil patentgeschützter Ausführungen zu sehen (Bild 3.6).

Prinzipiell sind drei Furchsysteme in Anwendung:

- Gewinde mit Gleichdickquerschnitt
- Gewinde mit Walkwarzen auf den Gewindeflanken des kegeligen Furchteiles
- Gewindeende mit pyramidenförmigem Furchteil

Mit diesen Formgebungen wird erreicht, daß das gefurchte Innengewinde nach dessen elastischer Rückfederung (nach Kaltumformung) auf dem der Furchspitze nachfolgenden Bolzengewinde nicht klemmt. Das gefurchte Innengewinde soll so bemessen sein, daß normale Schrauben mit metrischem ISO-Gewinde (DIN 13 Teil 15, Toleranz 6 h) von Hand einschraubbar sind.

Die metallurgischen und mechanischen Eigenschaften regelt DIN 7500 Teil 1 (Tabelle 3.4). Richtwerte für Kernlochdurchmesser in Abhängigkeit von Bauteilwerkstoff und Materialdicke sind in DIN 7500 Teil 2 angegeben (Bild 3.5, Tabelle 3.5).

Unter der Markenbezeichnung CORFLEX/TAPTITE sind auch hochfeste selbstformende Schrauben verfügbar. Bei Type "N" handelt es sich um vergütete Schrauben mit der Festigkeitsklasse 10.9, die in Mutterwerkstoffen bis HB 100 eingeschraubt werden können. Type "1" bezeichnet vergütete Schrauben mit der Festigkeitsklasse 10.9 mit einer partiell induktivgehärteten Gewindefurchspitze, die im Minimum HRC 45 aufweist und in Werkstoffe bis zu HB 250 eingeschraubt werden können.

Infolge des minimalen Gewindespiels zwischen Bolzen und Innengewinde und eines gewissen Formschlusses werden einigen Ausführungen selbstsichernde Eigenschaften zugesprochen. Im Vergleich zu den geschnittenen Gewinden haben gefurchte Gewinde die Vorteile des Kaltformens, d.h. nicht unterbrochener Faserverlauf und kaltverfestigte Gewindespitzen.

| Gewinde-ø | Aluminium Al 99.5 F13, AlMn F10 | | Gewinde-ø | Kupfer E-Cu 57 F 30 E-Cu 58 F30; CuZn F38 | | Gewinde-ø | Stahl ST 12 und ST 37-2 | |
|---|---|---|---|---|---|---|---|---|
| | Material-Dicke [mm] | Loch-ø $d_n$ [mm] | | Material-Dicke [mm] | Loch-ø $d_n$ [mm] | | Material-Dicke [mm] | Loch-ø $d_n$ [mm] |
| M 2,5 | 0,8 ÷ 2,5<br>3,0 ÷ 5,0 | 2,25<br>2,30 | M 2,5 | 0,8 ÷ 2,5<br>3,0 ÷ 5,0 | 2,25<br>2,30 | M 2,5 | 0,8 ÷ 2,5<br>3,0 ÷ 5,0 | 2,25<br>2,30 |
| M 3 | 1,0 ÷ 2,0<br>2,2 ÷ 6,0 | 2,70<br>2,75 | M 3 | 1,0 ÷ 2,0<br>2,2 ÷ 6,0 | 2,70<br>2,75 | M 3 | 1,0 ÷ 1,7<br>1,8 ÷ 6,0 | 2,70<br>2,75 |
| M 3,5 | 1,2 ÷ 1,5<br>1,6 ÷ 4,0<br>5,0 ÷ 5,5 | 3,15<br>3,20<br>3,25 | M 3,5 | 1,2 ÷ 1,5<br>1,6 ÷ 3,2<br>5,0 ÷ 5,5 | 3,15<br>3,20<br>3,25 | M 3,5 | 1,2 ÷ 1,5<br>1,6 ÷ 5,5 | 3,15<br>3,20 |
| M 4 | 1,5 ÷ 3,2<br>3,5 ÷ 6,0<br>6,3 ÷ 7,5 | 3,60<br>3,65<br>3,70 | M 4 | 1,5 ÷ 3,2<br>3,5 ÷ 6,0<br>6,3 ÷ 7,5 | 3,60<br>3,65<br>3,70 | M 4 | 1,5 ÷ 2,2<br>2,5 ÷ 4,0<br>5,0 ÷ 7,5 | 3,60<br>3,65<br>3,70 |

| | | | | | | | | |
|---|---|---|---|---|---|---|---|---|
| M 5 | 1,5 ÷ 3,2<br>3,5 ÷ 4,0<br>5,0 ÷ 6,0<br>6,3 ÷ 10,0 | 4,50<br>4,55<br>4,60<br>4,65 | M 5 | 1,5 ÷ 3,2<br>3,5 ÷ 4,0<br>5,0 ÷ 6,0<br>6,3 ÷ 10,0 | 4,50<br>4,55<br>4,60<br>4,65 | M 5 | 1,5 ÷ 3,0<br>3,2 ÷ 4,0<br>5,0 ÷ 6,0<br>6,3 ÷ 10,0 | 4,50<br>4,55<br>4,60<br>4,65 |
| M 6 | 2,0 ÷ 3,0<br>3,0 ÷ 5,0<br>5,5 ÷ 7,0<br>8,0 ÷ 10,0 | 5,40<br>5,45<br>5,50<br>5,55 | M 6 | 2,0 ÷ 3,0<br>3,5 ÷ 5,0<br>5,5 ÷ 7,0<br>8,0 ÷ 10,0 | 5,40<br>5,45<br>5,50<br>5,55 | M 6 | 2,0 ÷ 3,0<br>3,0 ÷ 3,5<br>4,0 ÷ 6,5<br>7,0 ÷ 10,0 | 5,40<br>5,45<br>5,50<br>5,55 |
| M 8 | 2,2 ÷ 3,5<br>3,5 ÷ 6,0<br>6,3 ÷ 6,5<br>7,0 ÷ 10,0<br>12,0 ÷ 20,0 | 7,25<br>7,30<br>7,35<br>7,40<br>7,50 | M 8 | 2,2 ÷ 3,5<br>3,5 ÷ 6,0<br>6,3 ÷ 6,5<br>7,0 ÷ 10,0<br>12,0 ÷ 20,0 | 7,25<br>7,30<br>7,35<br>7,40<br>7,50 | M 8 | 2,2 ÷ 3,5<br>4<br>5,0 ÷ 6,5<br>7,0 ÷ 15,0 | 7,25<br>7,30<br>7,40<br>7,50 |
| M 10 | 3,0 ÷ 4,0<br>5,0 ÷ 7,0<br>7,5 ÷ 10,0<br>10,0 ÷ 15,0<br>15,0 ÷ 20,0 | 9,15<br>9,20<br>9,30<br>9,40<br>9,50 | M 10 | 3,0 ÷ 4,0<br>5,0 ÷ 6,0<br>7,0 ÷ 7,5<br>10,0 ÷ 15,0<br>15,0 ÷ 20,0 | 9,15<br>9,25<br>9,30<br>9,40<br>9,50 | M 10 | 2,5 ÷ 3,5<br>4,0 ÷ 7,0<br>7,5 ÷ 10,0<br>10,0 ÷ 15,0 | 9,20<br>9,30<br>9,40<br>9,50 |

Tabelle 3.5: Richtwerte für Kernlochdurchmesser gewindeformender Schrauben nach DIN 7500 Teil 2

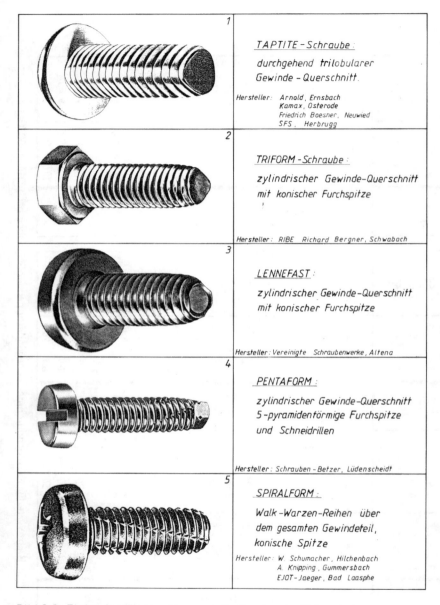

Bild 3.6: Einige Ausführungsformen selbstfurchender Schrauben

## 3.4 Bohrschrauben

Prinzipiell wird hier der Gedanke verfolgt, die zu den selbstfurchenden Schrauben zählenden Blechschrauben durch vorgeschaltete Bohrspitzen so zu ergänzen, daß sie ihr Kernloch selbst bohren können. Trotz der dadurch bedingten teureren Schraube leiten sich für viele Anwendungen Verbilligungen der Herstellkosten der gefertigten Schraubenverbindung ab. Aus USA werden aus der Automobilindustrie Einsparungen von 50 % berichtet.

Voraussetzung für die sachgerechte Verwendung von Bohrschrauben sind:

- *die Anwendung spezieller Bohrschrauber,* das sind elektrisch oder pneumatisch angetriebene, mit hohen Drehzahlen laufende Werkzeuge, die mit geeigneten Haltevorrichtungen für die Schrauben versehen sind;

- die Bohrspitze muß gleich oder länger sein als die Summe der zu verbindenden Bauteildicken zuzüglich eventuell vorhandener Luftspalte. Es ist Voraussetzung, daß die Bohrspitze sämtliche zu verbindende Bauteile durchbohrt, bevor der erste selbstfurchende Gewindegang im obersten Bauteil faßt;

- der Bauteilewerkstoff muß mittels der einsatzgehärteten Bohrspitze (gleich oder größer Hv 560) zerspanbar sein und genügend Formänderungsvermögen für das Gewindefurchen besitzen. Das sind z.B. Baustähle bis ST 52, Aluminiumlegierungen Al oder Zinkdruckguß usw.

DIN 7504 normt Maße, Anforderungen und Prüfung von Bohrschrauben. Mit dieser Norm soll sichergestellt werden, daß die Schrauben ihr Kernloch bohren und ihr Gegengewinde formen können, ohne sich zu verformen oder zu brechen. Als Hauptmerkmale für die Beurteilung gelten:

- die Randhärte
- die Torsionsfestigkeit
- die Eignung zur Herstellung des Muttergewindes.

Zusätzlich zu den für Blechschrauben üblichen Köpfen sind in DIN 7504 auch Sechskantköpfe mit Bund mit und ohne Schlitz genormt.

Die nach DIN 7504 empfohlenen Anwendungsbereiche für Bohrschrauben sind in Tabelle 3.6 dargestellt. In Tabelle 3.7 sind die metallurgischen und mechanischen Eigenschaften von Bohrschrauben, wie auch von Blechschrauben (DIN 267 Teil 1) und die Grenzwerte für die Funktionsprüfung aufgeführt. Geeignete Prüfvorrichtungen sind in den Normblätter DIN 267/12 und 7504 enthalten.

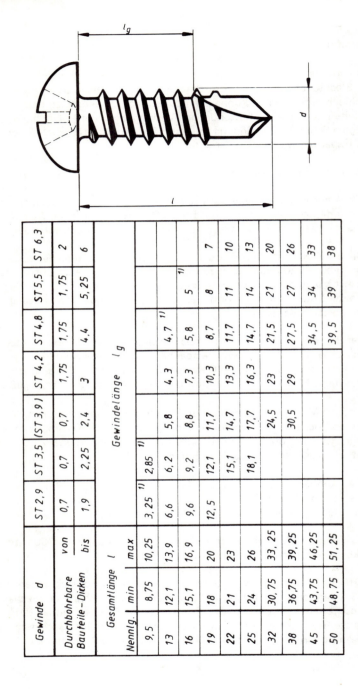

Tabelle 3.6: Ausführungen und Anwendungsbereiche für Bohrschrauben nach DIN 7504

| Gewinde d | | ST 2,9 | ST 3,5 | (ST 3,9) | ST 4,2 | ST 4,8 | ST 5,5 | ST 6,3 |
|---|---|---|---|---|---|---|---|---|
| Durchbohrbare Bauteile-Dicken | von | 0,7 | 0,7 | 0,7 | 1,75 | 1,75 | 1,75 | 2 |
| | bis | 1,9 | 2,25 | 2,4 | 3 | 4,4 | 5,25 | 6 |
| Gesamtlänge l | | | | Gewindelänge $l_g$ | | | | |
| Nenn lg. | min | max | | | | | | |
| 9,5 | 8,75 | 10,25 | 3,25 [1] | 2,85 [1] | | | | | |
| 13 | 12,1 | 13,9 | 6,6 | 6,2 | 5,8 | 4,3 | 4,7 [1] | | |
| 16 | 15,1 | 16,9 | 9,6 | 9,2 | 8,8 | 7,3 | 5,8 | 5 [1] | |
| 19 | 18 | 20 | 12,5 | 12,1 | 11,7 | 10,3 | 8,7 | 8 | 7 |
| 22 | 21 | 23 | | 15,1 | 14,7 | 13,3 | 11,7 | 11 | 10 |
| 25 | 24 | 26 | | 18,1 | 17,7 | 16,3 | 14,7 | 14 | 13 |
| 32 | 30,75 | 33,25 | | | 24,5 | 23 | 21,5 | 21 | 20 |
| 38 | 36,75 | 39,25 | | | 30,5 | 29 | 27,5 | 27 | 26 |
| 45 | 43,75 | 46,25 | | | | | 34,5 | 34 | 33 |
| 50 | 48,75 | 51,25 | | | | | 39,5 | 39 | 38 |

| d | Eht [mm] Blech-schrb. | Eht [mm] Bohr-schrb. | Randhärte HV 03 Blech-schrb. | Randhärte HV 03 Bohr-schrb. | Kernhärte HV 03 Blech-schrb. | Kernhärte HV 03 Bohr-schrb. | Blechschrauben Einschraubversuche Prüfplatten-Dicke [mm] min. | max. | Loch-ø min. | max. | Bohrschrauben Bohr-Versuche Drehzahl n [min⁻¹] | Axial-Kraft [N] | Prüf-Zeit [sec.] max. |
|---|---|---|---|---|---|---|---|---|---|---|---|---|---|
| ST 2,2 | 0,04 ÷ 0,10 | — | | | | | 1,2 | 1,3 | 1,91 | 1,96 | — | — | — |
| ST 2,9 | 0,05 ÷ 0,18 | | ≥ 450 | ≥ 560 | ≥ 270 ≤ 390 | ≥ 260 ≤ 425 | | | 2,42 | 2,47 | ≥ 1800 ≤ 2500 | 150 | 3 |
| ST 3,5 | 0,05 ÷ 0,18 | | | | | | 1,9 | 2,1 | 2,93 | 2,98 | | | 4 |
| ST 3,9 | | | | | | | | | 3,24 | 3,29 | | | 4,5 |
| ST 4,2 | 0,10 ÷ 0,23 | | | | | | 3,1 | 3,2 | 3,44 | 3,49 | | | 5 |
| ST 4,8 | 0,10 ÷ 0,23 | | | | | | | | 4,03 | 4,08 | ≥ 1000 ≤ 1800 | 250 | 7 |
| ST 5,5 | 0,15 ÷ 0,28 | | | | | | 4,7 | 5,1 | 4,74 | 4,79 | | 350 | 11 |
| ST 6,3 | 0,15 ÷ 0,28 | | | | | | | | 5,48 | 5,53 | | | 13 |
| ST 8 | | | | | | | | | 6,89 | 6,94 | — | — | — |

Tabelle 3.7: Eigenschaften von Blech- und Bohrschrauben nach DIN 267 Teil 12 und 7504

Wie auch bei den selbstfurchenden Schrauben überläßt die DIN 7504 dem Hersteller großen Freiraum für die Gestaltung von Bohrspitze und Gewindefurchzone. Auch das hängt ursächlich zusammen mit der großen Variationsbreite der auf dem Markt verfügbaren Ausführungsformen, die zum Teil patentgeschützt sind. Darum beschränkt sich die Norm im wesentlichen darauf, die Funktionseigenschaften festzulegen.

Die heute auf dem Markt verfügbaren Bohrschrauben lassen sich prinzipiell aus zwei Grundformen ableiten:

- die Bohrspitze ist durch Fräsen der Spannuten und Schneiden in mindestens vier Folgen entstanden, z.B. Teks;

- die Bohrspitze ist in einem Schlag kaltgeformt, z.B. Dril-Kwick.

Gefräste Formen sind den kaltgeformten, im Verbinden dicker Bauteile und dadurch bedingt auch bei den größeren Schraubentypen überlegen. Anwendungsempfehlungen reichen bis zu 13 mm Bauteildicke. Kaltgeformte Schrauben können vorteilhaft bis 6 mm Bauteildicke verwendet werden und sind in diesen Bereichen den gefrästen Ausführungen oft überlegen durch verfahrensbedingte höhere Gleichmäßigkeit und der vom Fräsen unabhängigen Formgestaltung. Kaltgeformte Bohrspitzen besitzen eine kleinere Querschneide (Grund dafür, daß die Schraube beim Ansetzen auf der Bauteiloberfläche nicht "tanzt", also ohne Ankörnen gearbeitet wird) und eine größere Stegbreite als die gefrästen Ausführungen, woraus eine höhere Belastbarkeit der Bohrspitze resultiert (Bild 3.7).

In Tabelle 3.8 sind die Herstellerempfehlungen für die Anwendungsbereiche der beiden Grundformen gegenübergestellt: Die in der ersten Spalte benannten Bohrschraubentypen unterscheiden sich wie folgt:

Teks-2:
Der Bohrspitzendurchmesser ist gleich Gewindekerndurchmesser. Die Schraube eignet sich für geringe Bauteildicken.

Teks-3:
Der Bohrspitzendurchmesser ist etwas größer als der Gewindekerndurchmesser und wird für etwas größere Bauteildicken verwendet.

Teks-4:
Der Bohrspitzendurchmesser entspricht Teks-3, jedoch besitzt dieser Typ eine zusätzliche Schneidkerbe, um das Innengewinde bei geringeren Momenten zu schneiden (nicht zu furchen).

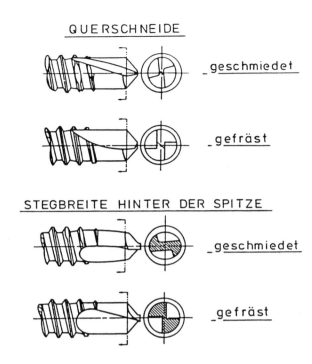

Bild 3.7: Vergleich der Geometrien gefräster und kaltgeformter Bohrspitzen

Teks-5:
Dieser Typ wird für die Anwendung in Bauteildicken zwischen 6 und 12,5 mm empfohlen. Die Form der Bohrspitze gewährleistet auch bei den großen Bauteildicken den Späneabfluß. Das Gewinde wird geschnitten.

Dril-Kwick 2:
Der gebohrte Kerndurchmesser liegt in der Nähe des Gewindekerndurchmessers und wird für geringere Bauteildicken empfohlen.

Dril-Kwick 3:
Der Kernlochdurchmesser ist etwas größer als der Gewindekerndurchmesser und die Spitzenlänge ist größer als bei Dril-Kwick 2 (Bild 3.8).

| Gefräste Spitze | $d_0$ |
|---|---|
| TEKS / 5 | |
| TEKS / 4 u. | 6,3 |
| TEKS / 6a | 5,5 |
| TEKS / 3 u. | 6,3 |
| TEKS / 6 | 5,5 |
|  | 4,8 |
|  | 4,2 |
| TEKS / 2 | 3,9 |
|  | 3,5 |
|  | 2,9 |

Bauteile-Dicke [mm]

| | $d_0$ | |
|---|---|---|
| DRIL KWICK Nr. 3 | 6,3 | |
| | 5,5 | |
| | 4,8 | |
| DRIL KWICK Nr. 2 | 4,8 | |
| | 4,2 | |
| | 3,9 | |
| | 3,5 | |
| Geformte Spitze | 2,9 | |

Bauteile-Dicke [mm]

Tabelle 3.8: Anwendungsbereiche von Bohrschrauben nach Herstellerangaben

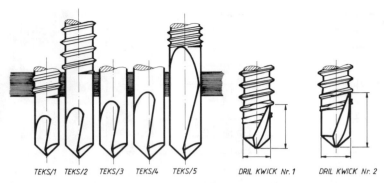

Bild 3.8: Vergleich der Bohrspitzen "Teks" und "Dril-Kwick"

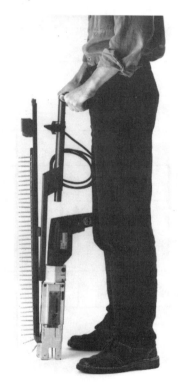

Bild 3.9: Magazinhandschrauber ECOMATE für die Verarbeitung von Bohrschrauben mit Gewinde ST 5.5 im Stahlleichtbau zur Befestigung von Dach- und Wandelementen aus Stahltrapezblechen

Bild 3.10: Schraubautomat mit automatischer Schraubenzuführung für die Bohrschraubenmontage im Kunststoffensterbau

## 3.5 Selbstfurchende Schrauben für Bauteile aus Kunststoffen

In den Anfängen wurden Kunststoffbauteile gelegentlich mittels Blechschrauben oder Holzschrauben und ähnlichen Gewindeformen verbunden, was den "Direktschraubverbindungen" einen schlechten Ruf einbrachte. Erst mit der Entwicklung von Gewinden, die den Werkstoffeigenschaften der Kunststoffe besser angepaßt waren, erlangten die Schraubenverbindungen bei Kunststoffbauteilen mittels selbstfurchenden Schrauben ihre heutige Bedeutung (Bild 3.11).

Solche Schraubenverbindungen erfordern im Bauteil integrierte "Einschraubtuben" (Bild 3.12), das sind rohrförmige Ansätze, in deren Loch die Schraube eingedreht wird. Die Bemessung dieser Einschraubtuben ist eine der konstruktiven Hürden. Sie ist abhängig von der Belastung im Betriebszustand, den Montagebedingungen und den rheologischen Eigenschaften der Kunststoffe.

Beim Gewindefurchen entsteht eine im Tubus wirksame Radialkraft, die in der Tubuswand Tangentialspannung erzeugt und infolge dessen der Tubus gedehnt wird.

Die Tangentialspannungen können je nach Kunststofftyp mehr oder weniger relaxieren. Bei mehreren dazu prädestinierten Kunststoffen können infolge der Spannungen Spannungsrisse entstehen, wodurch u.U. die Verbindung zerstört wird.

Die Eigenschaft vieler Kunststoffe, innere Spannungen abzubauen, führt dazu, daß die während der Montage aufgezwungenen Klemmkräfte nicht erhalten bleiben. Reibungsschlüssige Schraubenverbindungen, wie sie bei den Metallen selbstverständlich sind, lassen sich mit Kunststoffen nicht herstellen. Das bedeutet, daß quer zur Schraubenachse wirkende Betriebskräfte nicht reibungsschlüssig übertragen werden können. Diese Relaxationsvorgänge können bei konstanter Dehnung wie auch konstanter Spannung ablaufen (Bild 3.13).

Koaxial auftretende Betriebskräfte werden über die Gewindekontaktflächen (Flächenüberdeckung zwischen Schraube und Innengewinde) übertragen, was nur bei geringen Flächenpressungen zulässig ist. Darum sind große Kontaktflächen von Nutzen, das erfordert tief eingreifendes Gewindeprofil mit spitzen Flankenwinkeln und große Einschraubtiefen. Infolge der günstigen Verhältnisse der Federkonstanten von Schraube und Tubus verteilen sich Axialkräfte auf viele Gewindegänge (bei Metallverbindungen sind im wesentlichen nur die ersten zwei bis drei Gewindegänge an der Kraftübertragung beteiligt).

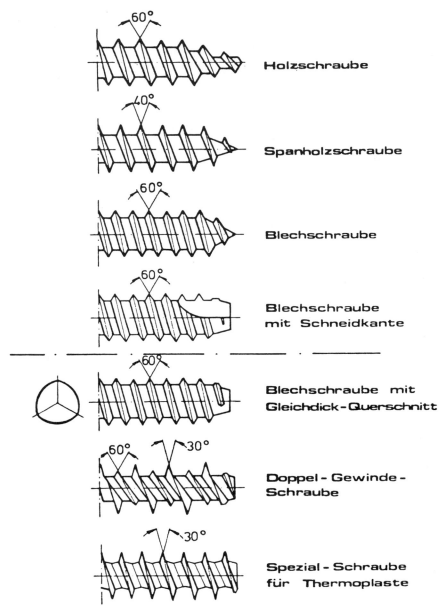

Bild 3.11: Selbstformende und selbstschneidende Schrauben für Kunststoffe

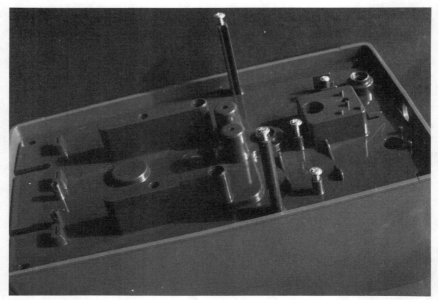

Bild 3.12: Einschraubtuben

Die Umformwärme beim Gewindefurchen kann bei hohen Einschraubgeschwindigkeiten das verdrängte Kunststoffmaterial bis zum Schmelzen erwärmen. Mit steigender Einschraubtiefe erhitzt auch die Schraube, bevorzugt im Furchbereich (Bild 3.14). Dieser Vorgang hat mehrere Konsequenzen:

— das verflüssigte Material fließt entgegengesetzt zur Einschraubrichtung über den Spalt zwischen dem Kernlochdurchmesser und Gewindekerndurchmesser ab. Wird dieser Abfluß behindert oder erstarrt das Material am nachfolgenden noch kühlen Schraubenschaft, dann entsteht ein Schmelzpfropf, was im allgemeinen einen erheblichen Druckanstieg im Tubus zur Folge hat;

— das verflüssigte Material geht keine Bindung mit der Tubuswand ein und hat darum keinen Anteil an der Übertragung axialer Kräfte;

— der Schmelzpfropf macht unter Umständen sogar die Schraubenverbindung unlösbar.

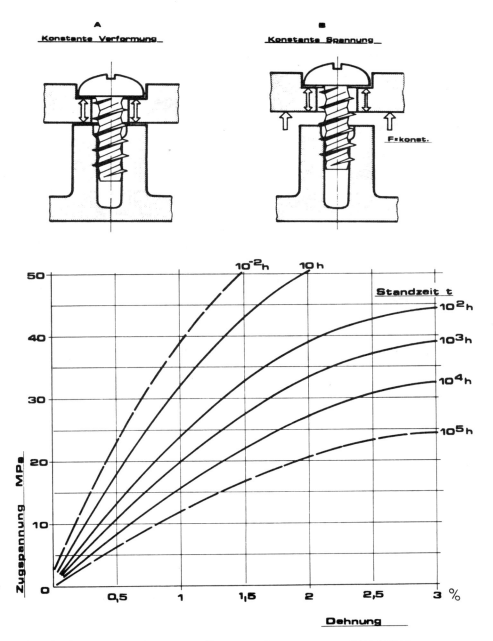

Bild 3.13: Isochrones Spannungs-/Dehnungs-Diagramm nach DIN 53544

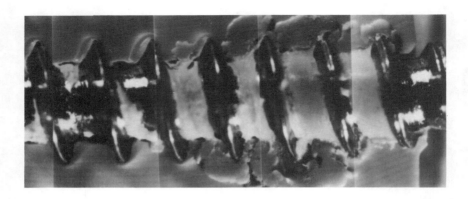

Bild 3.14: Schmelzpfropfbildung in ABS bei Einschraubgeschwindigkeit
  n = 750 U/min
  a) EJOT-PT®-Schraube
  b) Blechschraube

Aus diesen Erkenntnissen leiten sich einige Lösungsansätze für diese Gattung selbstfurchender Schrauben ab (Bild 3.15):

— möglichst spitze Gewindeflanken verdrängen weniger Volumen, dehnen darum den Tubus weniger und erzeugen nur geringe Umformwärme;

— spitze Gewindeflanken dringen tiefer in die Tubuswand ein und erzeugen mehr Flankenüberdeckung, übertragen darum auch mehr Axialkraft;

— der Kanal zwischen Tubuswand und Schraubenkern muß einen ausreichenden Querschnitt und günstige Geometrie haben, in das flüssiges oder teigiges Material rückwärts abfließen kann.

Bild 3.15: Gewindefurchschraube für Kunststoffe (EJOT-PT®-Schraube)

Über Jahre hinweg ist verschiedentlich versucht worden, Lösungen für eine rechnerische Bestimmung von Direktschraubverbindungen an Kunststoffen zu entwickeln. Das jüngste und beste Konzept ist die Arbeit von Onasch, die aber für den praktischen Gebrauch noch unzureichend ist. Darum kann heute bei der Planung von Schraubenverbindungen bei Kunststoffen auf Laborversuche noch nicht ganz verzichtet werden. Hersteller solcher Schrauben unterhalten ein entsprechendes anwendungstechnisches Labor.

## 3.6 Allgemeine Anforderungen an automatengerechte Kleinschrauben

### 3.6.1 Ein Wort zu den Werkstoffeigenschaften

Kleinschrauben mit metrischen Regelgewinden kommen zum größten Teil zur Anwendung aus niedrig gekohlten Stählen (DIN 17210), in kaltverfestigtem Zustand in den Klassen 4.8, seltener auch 5.8 (DIN 267 Teil 3 oder DIN ISO 898).

Hochfeste Kleinschrauben sind den Werkstoffzuständen der hochfesten Schrauben äquivalent (DIN 267 Teil 3 oder DIN ISO 898).

Kleinschrauben aus rost- und säurebeständigen Stählen (DIN 17440) sind in DIN 267 Teil 11 behandelt. Sie werden unterteilt in die drei Klassen:

A — für austenitischen Gefügezustand
C — für martensitischen Gefügezustand
F — für feritischen Gefügezustand

Diesen Klassenbezeichnungen wird eine den Festigkeitszustand kennzeichnende Ziffer hinzugefügt:

1 — für weichen Zustand
2 — für kaltverfestigten oder vergüteten Zustand
3 — für stark kaltverfestigten Zustand

Die "rationellen" Kleinschrauben:

— Blechschrauben
— Gewindeschneidschrauben
— gewindefurchende Schrauben
— Bohrschrauben
— gewindefurchende Schrauben für Kunststoffe

werden im allgemeinen aus Einsatzstählen DIN 17200 kaltgeformt, einsatzgehärtet und angelassen. Die Blechschrauben und gewindeschneidenden sowie furchenden Schrauben sollen eine Mindestrandhärte von 450 HV03 aufweisen, Bohrschrauben sogar von 560 HV03.

Im Vergleich zu den vergüteten hochfesten Schraubenwerkstoffen (8.8 und höher), die ein homogenes Gefüge durch Härten und Anlassen erhalten, haben die einsatzgehärteten Werkstoffe den Nachteil unterschiedlicher Rand- und Kernfestigkeiten. Bei Bruchbelastungen können diese Werkstoffe relativ dehnungsarm brechen und sind empfindlicher gegen stoßweise Beanspruchung. Außerdem fördert die hohe Randhärte die Neigung zu wasserstoffinduzierter Rißbildung infolge galvanischer Oberflächenbehandlungen. Dieser Effekt ist jedoch durch Warmbehandlung und sorgfältige galvanische Bearbeitung nahezu vermeidbar. Dieses sind die wichtigsten Gründe dafür, daß Kleinschrauben aus diesen Werkstoffen nicht als lebenswichtige Bauteile verwendet werden sollten.

## 3.6.2 Ordnen, lageorientieren und zuführen

Eine wichtige Voraussetzung für das Ordnen und Lageorientieren der Schrauben im Montageautomaten, welches für Kleinschrauben häufig in Vibrationswendelförderern geschieht, ist eine eindeutige Schwerpunktlage. Die Schrauben sollten entweder eindeutig schaftlastig oder eindeutig kopflastig sein. Indifferente Lagen führen erfahrungsgemäß zu Störungen und Minderleistungen.

Das Lageorientieren kann auf dreierlei Weise erfolgen:

— die Schraube ist am Kopf hängend mit dem Schaft nach unten gerichtet, das ist die bevorzugte Lage bei Schlauchzuführungen und setzt Schaftlastigkeit voraus.

— auf dem Kopf stehend ist die einzig mögliche Lage bei kopflastigen Schrauben, und dies erfordert ein Zuführen mittels Schienen- oder Profilschläuchen.

— Schrauben ohne Kopf oder mit sehr kleinen Kopfdurchmessern können liegend hintereinander gefördert werden.

Verschmutzungen der Schrauben üben auf jeden Fall negative Einflüsse aus. Aber auch Schutzoberflächen und Klebesicherungen können zu Anbackungen an den Förderelementen führen, die nicht unerhebliche Störungen verursachen können. In zunehmend ungünstig werdender Reihenfolge sind hier zu nennen:

— galvanische Zinküberzüge,
— mechanisch aufgebrachte Zinküberzüge,
— Kunststoffbeschichtungen und Klebesicherungen.

Bei den metallischen Überzügen kann erfahrungsgemäß ein leichter Ölfilm Verbesserungen bringen.

Erheblichen Einfluß auf die Sortierfähigkeit hat die gewählte Schraubengeometrie (Bild 3.18). Zum Beispiel neigen kopflastige Schrauben, die in einer C-Schiene auf dem Kopf stehend zugeführt werden, dazu, sich diagonal zu legen und sind in dieser Lage nur umständlich ausscheidbar. Schrauben mit großen, flachen Köpfen neigen zur Schuppung und erzeugen damit Schräglage der Schäfte oder ungleichmäßige Schaftabstände. Durch Abdeckschienen kann gelegentlich Abhilfe geschaffen werden. Diese haben jedoch immer den Nachteil zusätzlicher Reibung und sind außerdem ein Hindernis bei Störungsbeseitigungen. Kombischrauben, deren Scheiben größer als der Kopfdurchmesser sind, können sehr unangenehme Störungen verursachen, wenn Scheiben zwischen Kopf und Scheibe der Nachbarschraube verklemmen. Solche Scheiben müssen darum etwas dichter unter dem Kopf angerollt werden als ihre Dicke beträgt. Das ist manchmal möglich durch eine Ringwulst, die jedoch den Gewindeauslauf vergrößert. Zu kleine Köpfe können sich zwischen den Schienen verklemmen, besonders wenn diese schon einem gewissen Verschleiß unterliegen.

Bei der Konstruktion eines Produktes erhalten naturgemäß deren Gebrauchseigenschaften die Priorität bei der Auswahl der anzuwendenden Schraube. Erst sekundär wird danach die Montagetechnik angepaßt. Dabei kann es sinnvoll sein, Produkt und Schraube zugunsten einer besser funktionierenden Schraubenzuführung abzuändern, denn meist kompensieren die verminderten Montagekosten den erforderlichen Mehreinsatz an Material bei weitem.

### 3.6.3 Schrauben vereinzeln und zuführen

Im engeren Sinne sind hier unter den Begriffen "vereinzeln" und "zuführen" die Vorgänge gemeint, die sich abspielen, wenn am Ende der Auslaufschiene des Vibrationsförderers eine Schraube abgegriffen und bis in die Spannhülse des Mundstückes unterhalb der Schraubspindel befördert wird.

Es gibt Situationen, bei denen es sinnvoll ist, die Schrauben nicht der Schraubspindel zuzuführen, sondern sie bereits einen Takt vor der Montage in die Schraublöcher zu befördern. Das kann z.B. sein bei Mehrspindelautomaten, wenn die Spindelabstände sehr klein sind.

Bei schaftlastigen Schrauben, die mit Schlauchzuführung transportiert werden geschieht das Vereinzeln im allgemeinen durch einen mechanischen Schieber, der am Ende der Auslaufschiene eine Schraube abgreift und in einen Einführtrichter wirft. Durch einen Druckluftimpuls wird dann die Schraube bis in das Mundstück bzw. die Spannhülse geschossen. Auf diese Weise können Schrauben bis zu 50 m weit transportiert werden. Eine grundsätzliche Bedingung bei dieser Art der Zuführung ist, daß die Schraubenlänge mindestens 2 mm größer ist als ihr maximaler Durchmesser (einschließlich Scheibe).

Jedoch können auch kopflastige Schrauben durch Profilschläuche transportiert werden, häufiger ist jedoch das Zuführen über Profilschienen. Weil die Schrauben auf dem Kopf stehend aus dem Vibrationsförderer auslaufen, muß die Schiene entweder saltoförmig oder wendelartig geformt sein, damit die Schrauben mit dem Schaft nach unten in die Spannhülsen gestoßen werden können, was dann durch einen mechanischen Schieber erfolgt.

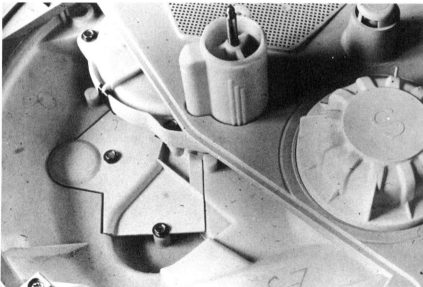

Bild 3.16: Direktverschraubungen im Bereich des Pumpensumpfes eines Geschirrspülautomaten
 a) Motoraufhängung
 b) Befestigung der Abdeckungen

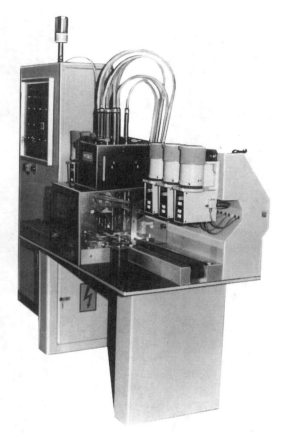

Bild 3.17: Vollautomatischer Sechspindelautomat zur Montage von Videocassetten aus Kunststoffen

Bei Schlauchzuführungen entsteht im Mundstück unterhalb der Schrauberspindel ein neuralgischer Punkt an jener Stelle, wo sich Zuführöffnung und Schraubspindelöffnung treffen. Dort muß geprüft werden, ob die Bedingung erfüllt ist, daß die zuzuführende Schraube im Kreuzungspunkt nicht verklemmt. Das Mundstück wird komplettiert durch Spannwerkzeuge, die in verschiedenen Ausführungen erhältlich sind. Wichtig für die Auswahl ist die Kenntnis des maximalen Schraubenkopfdurchmessers, von welchem der Öffnungsweg der Hülse und dadurch bedingt auch die Weite der störenden Kanten im Bauteil abhängig sind.

*Entwicklung spezifischer Merkmale*
③ *transportieren*

Schuppung bei flachen Köpfen

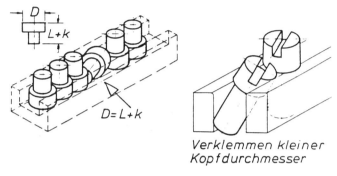

$D = L + k$

Verklemmen kleiner
Kopfdurchmesser

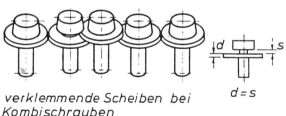

verklemmende Scheiben bei
Kombischrauben

$d = s$

Bild 3.18: Fehlermöglichkeiten beim Transportieren von Schrauben in Transportschienen

Verkleinerte Kopfdurchmesser lassen kleinere Störkantenabstände zu, so daß Vorteile gegeben sind, wenn nicht die Funktion der Schraube infolge der vergrößerten Flächenpressung behindert wird. Die Schraubspindel drückt die Schraube durch die Spannhülsen und zentriert, solange sie auf dem Schraubenschaft greifen kann. Darum muß die Schraubenlänge so gewählt werden, daß die ersten Gewindegänge bereits gefaßt haben, bevor der Schraubenkopf durch die Spannhülse gleitet.

## MESSVERLAUFANALYSE

Datum :
Station :
Lfd. Nr.:

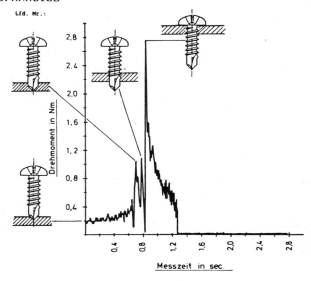

## MESSVERLAUFANALYSE

Datum :
Station :
Lfd. Nr.:

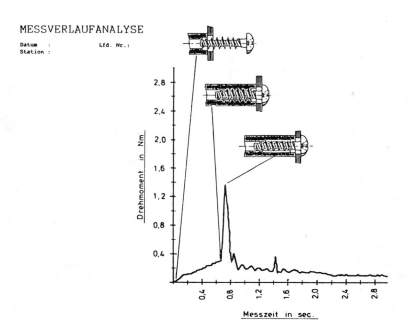

MESSVERLAUFANALYSE

Datum :  Lfd. Nr.:
Station :

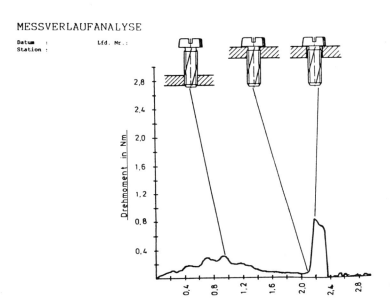

Bild 3.19: Einige typische Drehmoment/Zeit-Kurven von Bohr- und Gewindefurchschrauben

*3.6.4  Kuppeln und antreiben*

Eine wichtige Voraussetzung für den störungsfreien Betrieb ist, daß Antriebswerkzeug und Schraubenkopf beim Vorschub der Schraubspindel so sicher miteinander gekuppelt werden, daß die Drehmomente auch im Dauerbetrieb ohne nennenswerten Verschleiß der Antriebswerkzeuge aufgebracht werden können.

Außen- wie Innenantriebe der Schrauben kuppeln mit den Werkzeugen nicht über die gesamte Spindelumdrehung, sondern haben nur Sektoren, in denen das Werkzeug in den Antrieb eintauchen kann, und der restliche Bereich bleibt gesperrt. Antriebsformen mit großem Kupplungsbereich und kleinem Sperrbereich eignen sich naturgemäß besser für die automatische Handhabung. Antriebspaare mit Spielpassung haben größere Kupplungsbereiche als solche mit Paßsitz.

Wenn bei laufender Antriebsspindel gekuppelt wird, besteht die Möglichkeit, insbesondere wenn ein relativ hohes Drehmoment anliegt, daß die Antriebswerkzeuge nicht tief genug in den Antrieb eintauchen. Durch Antriebsspindeln, die in Achsrichtung federnd gelagert sind und durch langsamen Spindelanlauf kann häufig eine Verbesserung erzielt werden.

Außen- oder Innenantriebe mit geneigten Antriebskanten erzeugen einen cam out-Effekt, das ist eine axiale Kraftkomponente, die meist mit zunehmendem Verschleiß der Antriebswerkzeuge größer wird. Dieser Effekt ist besonders bekannt bei Kreuzschlitzantrieben (Bild 3.20).

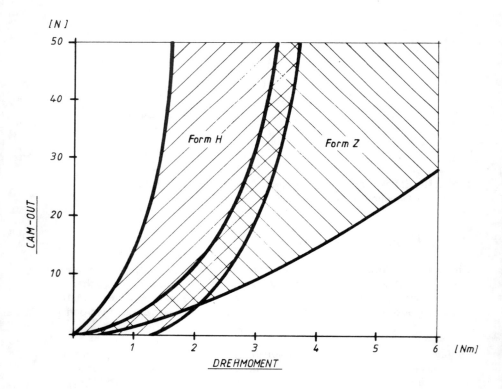

Bild 3.20: Cam out-Effekt bei Kreuzschlitzschrauben
　　　　　Form H = Phillipskreuzschlitz
　　　　　Form Z = Pozidrivkreuzschlitz

Auf Grund der weitreichenden Normung von Schrauben werden standardisierte Schraubenformen auch für automatische Montagen als gegeben hingenommen. U.U. lassen sich aber wirtschaftliche Vorteile durch Anwendung nicht genormter Sonderformen von Schrauben, welche dem gegebenen Anwendungsfall angepaßt werden, erreichen.

Bekannte Antriebsformen lassen sich in Bezug auf ihre Eignung für automatische Verarbeitung (Tabelle 3.9) wie folgt einstufen:

| Antrieb | zentrieren, führen | kuppeln | Kraftübertragung | Rücktriebskraft | Platzbedarf | Punktesumme |
|---|---|---|---|---|---|---|
| 1. TORX | 2 | 3 | 3 | 3 | 3 | 14 |
| 2. Z-Kreuzschlitz | 3 | 3 | 2 | 2 | 3 | 13 |
| 3. H-Kreuzschlitz | 3 | 3 | 1 | 1 | 3 | 11 |
| 4. Sechskt.m.Flansch | 3 | 1 | 3 | 3 | 1 | 11 |
| 5. Innensechskant | 3 | 0 | 2 | 3 | 3 | 11 |
| 6. Kombischlitz | 2 | 2 | 0 | 1 | 3 | 8 |
| 7. Längsschlitz | 0 | 2 | 0 | 2 | 3 | 7 |
| 8. Sechskant | 0 | 1 | 1 | 3 | 1 | 6 |

Bewertung:  sehr günstig    3 Punkte
            günstig         2 Punkte
            weniger günstig 1 Punkt
            ungünstig       0 Punkte

Tabelle 3.9: Bewertung einiger Kleinschrauben-Antriebsformen

- Torx: gute Drehmomentübertragung, kleiner Raumbedarf für das Montagewerkzeug, allerdings auch kleiner Kupplungsbereich.

- Kreuzschlitze: vorteilhaft bei nicht zu großen Drehmomenten, kleiner Raumbedarf für das Werkzeug, nachteilig ist der cam out-Effekt.

- Außensechskant: vorzugsweise mit Kopfflansch bei höchsten Drehmomenten anwendbar, ungünstige Kupplungseigenschaften, großer Raumbedarf für das Werkzeug.

- Innensechskante: unter M5 grundsätzlich vermeiden, sehr ungünstige Kupplungseigenschaften.

### 3.7 Anforderungen an Schrauben für automatische Montagen

Wenn Schraubenmontagen automatisiert wurden, erkannte man häufig, daß die kalkulierten Rationalisierungseffekte ausbleiben, wenn nicht zunächst erhebliche Qualitätsverbesserungen an den Schrauben vorgenommen werden. Die anwenderseitigen Erwartungen gehen dabei oft über die heute üblichen, aber auch ausreichenden Qualitätsstandards weit hinaus. Beiläufig sei hier erwähnt, daß Untersuchungen zeigten, daß nur 20 % der angefallenen Störungen der Schraubautomaten auf die Schraubenqualität zurückgeführt werden konnten (siehe auch Bild 3.27, Kostenreinheitsgradfunktionen).

#### 3.7.1 Exaktheit der Ausführung und Sortenreinheit

Traditionell erfolgt die Annahmeprüfung von Schrauben nach Stichprobenplänen. Wesentliches Kriterium dafür ist die annehmbare Qualitätsgrenzlage AQL (DIN 40080, vergleiche auch Mages, Kapitel 3.1). Diese Verfahren sind geeignet zur Aufspürung von Fehlern, die im Lieferlos in repräsentativer Menge vorhanden sind. Die Erfahrung hat aber gezeigt, daß die Stichprobenverfahren für die Annahmeprüfung von Automatenschrauben unzureichend funktionieren.

Man stellt heute an Automatenschrauben die Anforderung, daß außer der Ausführung auch die Sortenreinheit Prüfkriterium ist (das Lieferlos z.B. keine Fremdteile enthält).

Für die Bemessung der Sortenreinheit ist der Begriff des Reinheitsgrades eingeführt worden, das ist das Verhältnis der fehlerhaften Teile oder Fremdteile des Lieferloses, dividiert durch die gelieferten Stück.

$$X = F / L$$

Die DIN 267 Teil 5 z.B. schlägt für die Prüfung von Hauptfehlern AQL 1 vor, das entspricht einer mittleren zu erwartenden Qualitätslage von 1 % Fehlern oder $X = 100$. Wirtschaftliche Reinheitsgrade für die automatische Verarbeitung liegen aber erfahrungsgemäß bei $X = 10.000$ bis $X = 100.000$ oder noch darüber.

Wollte man hier Stichprobenkontrollen anwenden, wäre AQL 0,01 bis 0,001 erforderlich, also nicht mehr praktikable Größenordnungen. Daraus folgt, daß zum Zeitpunkt des Wareneingangs eine Annahmeprüfung über hohe und höchste Reinheitgrade nicht möglich ist. Das einzig praktikable Instrument zur Kontrolle von Reinheitsgraden ist bisher die Beobachtung von Fehl- oder Fremdteilen am Verarbeitungsort. Das setzt enge Zusammenarbeit zwischen Schraubenanwender und Schraubenhersteller voraus. Ein allgemeingültiges Konzept existiert noch nicht (Bild 3.21).

Prinzipiell soll der Schraubenanwender dem -Hersteller anhand der gefundenen fehlerhaften Teile Gelegenheit für die zukünftige Vermeidung geben, um damit eine permanente Qualitätssteigerung zu erreichen. Daraus folgt, daß der Lieferant nicht anhand eines einzelnen Lieferloses bewertet werden sollte, sondern über eine Serie von Lieferungen. Solche Handhabung setzt ein besonderes Vertrauensverhältnis zwischen den Partnern voraus (wie das z.B. heute auch bei logistischen Problemen praktiziert wird). Im Hinblick auf dieses Vertrauensverhältnis kann es zweckmäßig sein, die Verständigungsmittel zwischen den Partnern (Vereinbarungen, Vorschriften, Zeichnungen etc.) neu zu überdenken. In diesem Sinne sollten zwischen Anwender und Hersteller zunächst für die besonders kritischen Merkmale Reinheitsgrade vereinbart werden.

*3.7.2 Stufung der Dringlichkeit von Fehlermerkmalen*

Für automatengerechte Schraubenqualität ist eine dreiteilige Stufung der Dringlichkeit von Fehlermerkmalen vorgeschlagen worden:

Sogenannte A-Merkmale müssen zwischen Anwender und Hersteller vereinbart werden und unterliegen beim Hersteller einer 100%-Kontrolle. Dabei muß das gesamte Los stückweise auf dieses Merkmal hin untersucht werden. Im Hinblick auf die dabei entstehenden Kosten sollte man deshalb A-Merkmale nur in wirklich wichtigen Fällen vereinbaren.

Auch B-Merkmale müssen zwischen Anwender und Hersteller vereinbart werden, man kann sie nach einem verschärften Stichprobenplan (z.B. AQL 0,25) prüfen. Diese Klassifizierung empfiehlt sich für Fehlermerkmale, die zwar wichtig sind, jedoch eine 100%-Prüfung nicht erforderlich erscheinen lassen oder diese technisch nicht möglich ist.

Keiner besonderen Vereinbarung bedürfen C-Merkmale. Sie werden behandelt nach den gültigen technischen Regeln (DIN 267 Teil 5). Das Beobachten der Störungen während der automatischen Verarbeitung liefert permanent Hinweise auf richtige oder falsche Einstufung von Fehlermerkmalen, so daß demnach eine Umbewertung vorangegangener Einstufung durchgeführt werden kann.

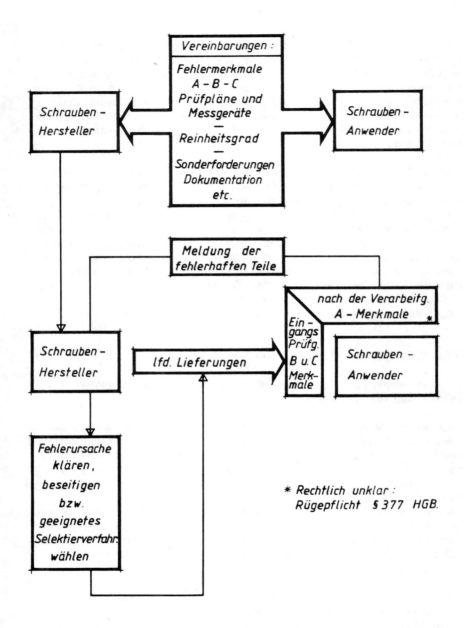

Bild 3.21: Beschaffung automatengerechter Schrauben
(Dialog zwischen Schraubenanwender und Schraubenhersteller)

Für den Schraubenhersteller ist wichtig zu wissen, welche Fehlermerkmale wie zu gewichten sind. Die Gewichtung oder die Einstufung in diese drei Klassen wird in erster Priorität der Schraubenanwender treffen müssen, weil er die konstruktiven Gegebenheiten der Verbindung und die zur Anwendung gelangenden Schraubautomaten kennt. Erst dann kann der Schraubenhersteller auf Grund der ihm zur Verfügung stehenden technischen Mittel entscheiden, ob die vom Anwender aufgestellten Anforderungen durch ihn technisch erfüllt werden können und wirtschaftlich realisierbar sind.

Am Anfang von Liefervereinbarungen über automatengerechte Schraubenqualität wird darum ein beratendes Gespräch zwischen Anwender und Hersteller notwendig sein. Die Gewichtung von Fehlermerkmalen sollte möglichst in den Bestellzeichnungen vermerkt sein. Dazu ist ausreichend, die A- oder B-Merkmale zu kennzeichnen, denn für alle C-Merkmale gilt DIN 267; d.h. eine Kennzeichnung dafür ist nicht notwendig. A- und B-Merkmale können in Anlehnung an DIN 406 (Maßeintragungen in Zeichnungen) gemacht werden. Danach erhalten A-Merkmale eine Umrandung mit dem Zusatz 100 %, was auf die vollständige Überprüfung dieses Fehlermerkmales hinweisen soll. B-Merkmale entgegen erhalten lediglich eine Umrandung (Bild 3.23). Die Bestellzeichnungen sollten sich in der Vermaßung beschränken auf die tatsächlich erforderlichen Merkmale, um nicht die Eingangskontrolle des Anwenders oder die Endkontrolle des Herstellers auf Nebensächlichkeiten zu lenken (z.B. den Lochdurchmesser einer Scheibe bei Kombischrauben).

Je nach Einbausituation des Verbindungselementes kann es zweckmäßig sein, die Vermaßung anders vorzunehmen, als sie in den Maßnormen üblich ist (Bild 3.22). Wird z.B. die Kontrolle der Montage über die Einschraubtiefe vorgenommen (anschlagorientierte Verschraubung), ist es funktionell richtiger, die Maßeintragung gemäß Bild 3.22 vorzunehmen oder, wenn die Einhaltung einer bestimmten Klemmdicke wichtig ist, empfiehlt sich die Maßeintragung gemäß Bild 3.22.

Die Kennzeichnung von Fehlermerkmalen ist auch möglich mit Hilfe von Tabellen, die den Maßzeichnungen beigefügt werden (Bild 3.24). Diese haben den Vorteil, daß nicht nur die Klasse, sondern auch die festgelegten Qualitätsgrenzen (Reinheitsgrad oder AQL) angegeben werden können. In einer erweiterten Form können solche Tabellen auch als Meßpläne ausgeführt sein, in denen Meßmittel, Meßpositionen oder u.U. auch Meßhäufigkeit vorgeschrieben werden können.

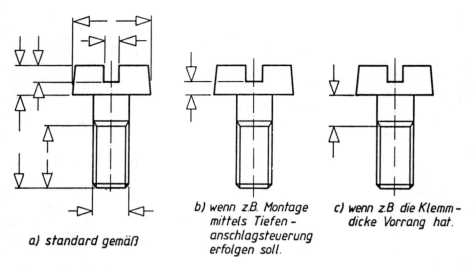

Bild 3.22: Vermaßung von geometrischen Merkmalen für die Herstellung von automatengerechten Kleinschrauben

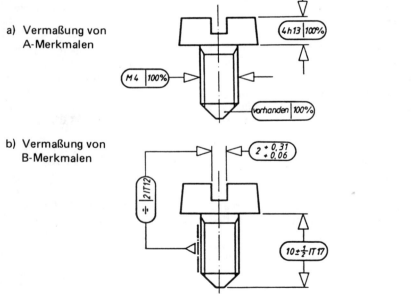

Bild 3.23: Vermaßung an A- und B-Merkmalen in Zeichnungen in Anlehnung an DIN 406

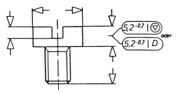

Dokumentation gefordert

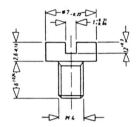

| Maß | Klasse | x | AQL |
|---|---|---|---|
| M4 vorhanden | A | $10^5$ | |
| 7 -0,22 | A | $10^5$ | |
| 1,2 +0,3 | B | | 0,1 |
| sonstige Ausführung | DIN 267 | | |

Prüfvereinbarung

Bild 3.24: Tabellenförmige Kennzeichnung von Merkmalen in der Maßzeichnung für die Fertigung von automatengerechten Schrauben

### 3.7.3 Mittel und Maßnahmen des Schraubenherstellers zur Vermeidung von Fertigungsfehlern

Schrauben werden im allgemeinen mit Verfahren der Massenfertigung hergestellt und unterliegen verschiedenen Fehlermöglichkeiten, die sich grundsätzlich in vier Kategorien einteilen lassen:

1. Einrichtefehler
2. plötzliche Veränderungsfehler
3. schleichende Veränderungsfehler
4. Zufallsfehler

Einrichtefehler entstehen durch Unzulänglichkeiten an Werkzeug oder Maschine, auf Grund mangelhafter Meßeinrichtungen oder ganz einfach durch Irrtum der Maschineneinrichter. Weil diese Fehler unbeabsichtigt, im Grunde also Irrtumsfehler sind, die individuell oft unbewußt wiederholt werden, ist die Überprüfung durch eine zweite Person erforderlich. Im allgemeinen macht das der Fertigungskontrolleur.

Plötzliche Veränderungsfehler entstehen, wenn eine korrekt eingerichtete Maschine spontan fehlerhafte Teile produziert. Das kann z.B. infolge Werkzeugbruch oder Werkstoffehler entstehen. Mit dem Beobachten von charakteristischen Parameter (z.B. der Umformkraft beim Pressen) unter Zuhilfenahme elektronischer Überwachungsgeräte lassen sich diese Fehler eliminieren oder vermindern.

Schleichende Veränderungsfehler lassen sich mit diesen elektronischen Prozeßüberwachungsgeräten nicht erfassen, weil diese Geräte auf die langsame Veränderung der Meßgrößen nicht einstellbar sind. Schleichende Veränderungen entstehen z.B. infolge Werkzeugverschleiß. Prozeßkontrollen auf statistischer Basis (SPC) können hier ein Hilfsmittel zum rechtzeitigen Erkennen der Annäherung von Istmaßen an die zulässigen Grenzwerte sein. Allerdings sind diese Verfahren im Bereich der Schraubenherstellung noch nicht ausgereift.

Unter Zufallsfehlern versteht man Fehler, die trotz Beachtung der technischen Regeln in der Massenfertigung auftreten können (z.B. einzelne Schrauben mit deformiertem Gewinde, fleckiger Oberfläche, Kopfriß oder verbogenem Schaft). Dazu gehören auch die Beimengungen von Fremdteilen, beispielsweise bei Wasch-, Härte- und Oberflächenveredlungsprozessen. Zufallsfehler lassen sich mit den angeführten Methoden der Qualitätskontrollen nicht beheben. Die bisher einzige Methode zum eliminieren von Zufallsfehlern ist die 100%-Kontrole des Fertigungsloses am Ende des Produktionsprozesses.

### 3.7.4  Selektion fehlerhafter Teile mit Hilfe der 100%-Kontrolle

Manuell ausgeführte 100%-Sichtkontrollen hat man auch früher schon angewendet. Der erzielbare Sortierwirkungsgrad (das Verhältnis der gefundenen zu den vorhandenen Fehlern) unterliegt dabei keiner genauen Gesetzmäßigkeit. Es läßt sich aber aus vielfältigen Erfahrungen sagen, daß etwa 10 bis 25 % der vorhandenen fehlerhaften Teile unentdeckt bleiben. Darum sind manuelle Sichtkontrollen ungeeignet zur Erzeugung ausreichend hoher Reinheitsgrade; ganz abgesehen von den entstehenden Kosten.

Im Wissen darum wurde vor einigen Jahren große Hoffnung auf Meßautomaten gesetzt, die möglichst viele Meßparameter mit großer Genauigkeit und großer Geschwindigkeit automatisch prüfen sollten. Die inzwischen vorliegenden Erfahrungen haben jedoch gezeigt, je umfangreicher das Erkennungsvermögen eines Kontrollautomaten ist, umso kleiner wird im allgemeinen die Stückleistung und umso teurer sind die Anlagekosten.

Handelsübliche Kontrollautomaten sind oft zu uniform konstruiert, weil sie möglichst universell verwendbar sein sollen. Einzweckmaschinen, häufig Sonderkonstruktionen für nur einen Zweck, arbeiten meist schneller, setzen aber für eine rentable Nutzung große Produktionsmengen voraus.

Je umfassender die Erfahrungen wurden, desto deutlicher wurde das Prinzip: Schraubenqualität für automatische Montagen kann nicht aus einem mangelhaft produzierten Los "erprüft" werden, sie muß zunächst produziert sein. Am Ende des Produktionsprozesses ist dann im allgemeinen eine grob arbeitende Selektieranlage zur Erzielung der hohen Reinheitsgrade ausreichend.

## 3.8 Auswirkung verbesserter Reinheitsgrade auf die Montagestückkosten

Dem Schraubenanwender entstehen durch verbesserte Reinheitsgrade höhere Kosten infolge höherer Preise. Andererseits vermindern die verbesserten Reinheitsgrade die Stillstandzeiten der Montagemaschinen und senken auf diese Weise die Betriebskosten (Bild 3.25). Deutlich wird, daß sich die Montagekosten in Abhängigkeit vom Reinheitsgrad zwischen $X = 1.000$ und $X = 10.000$ soweit ihren Asymptoten nähern, daß höhere Reinheitsgrade kaum noch einen praktischen Nutzen bringen.

### 3.8.1 Rentabilitätsvergleiche

Schraubenqualitäten mit verbesserten Reinheitsgraden (X) sind dann von Nutzen (N) für den Anwender, wenn sich die ergebende Differenz der Werkstückmontagekosten zwischen den weniger qualifizierten Schrauben ($K_{W1}$) und den höher qualifizierten Schrauben ($K_{W2}$) größer ist als der erforderliche Mehrpreis ($\Delta P$) für die höher qualifizierten Schrauben multipliziert mit der Anzahl der Schrauben je Werkstück (n):

$$N = (K_{W1} - K_{W2}) - n * \Delta P \quad \text{(DM Werkstück)}$$

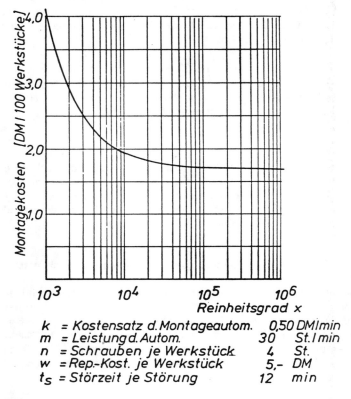

$$K_W = \frac{k}{m} + \frac{n}{x}(k \cdot t_s + w)$$

| | | |
|---|---|---|
| $k$ | = Kostensatz d. Montageautom. | 0,50 DM/min |
| $m$ | = Leistung d. Autom. | 30 St./min |
| $n$ | = Schrauben je Werkstück | 4 St. |
| $w$ | = Rep.-Kost. je Werkstück | 5,- DM |
| $t_s$ | = Störzeit je Störung | 12 min |

Bild 3.25: Einfluß des Reinheitsgrades auf die Montagekosten

Die Kosten der Werkstückmontage $K_W$ lassen sich wie folgt berechnen: Die Gesamtkosten K für die Montage eines Auftrages mit X Schrauben errechnen sich aus dem Kostensatz k der Montagemaschine (DM/min) und deren Folgeaggregate, multipliziert mit der Summe aus der Maschinenlaufzeit $t_L$ und der Maschinenstörzeit $t_S$, zuzüglich der zusätzlichen Kosten für die Wiederaufarbeitung des fehlerhaft montierten Werkstückes w:

$$K = k\,(t_L = t_S) + w$$

Die mittlere Maschinenlaufzeit $t_L$ bis zum Eintritt einer Störung ist vom Reinheitsgrad X und der Taktgeschwindigkeit der Maschine m sowie von der Anzahl der Schrauben je Werkstück n abhängig und beträgt:

$$t_L = \frac{X}{n * m}$$

Die Anzahl der aus dem Los herstellbaren Werkstücke beträgt $\frac{X}{n}$. Daraus lassen sich die Montagekosten je Werkstoff wie folgt berechnen:

$$K_w = \frac{k}{m} + \frac{n}{X} (k * t_S + w) \quad (DM/Stück)$$

Da sich der Rentabilitätsvergleich auf die Reinheitsgrade und die Schraubenpreise beziehen soll, kann vorausgesetzt werden, daß die maschinenabhängigen Größen in dieser Formel unverändert bleiben, also $k_1 = k_2$, $n_1 = n_2$, $m_1 = m_2$ und $t_{S1} = t_S$. Dann lautet die Beziehung für den Nutzen in expliziter Form:

$$N = (\frac{1}{X_1} - \frac{1}{X_2}) * k * n * t_S + n * w) - n * \Delta P \quad (DM/Stück)$$

Hierzu ein Beispiel: Der Kostensatz der Montagemaschine beträgt k = 0,50 DM/min, ihr Ausstoß m = 30 Werkstücke/min, jedes Werkstück wird mit n = 4 Schrauben montiert. Die mittlere Zeit zur Beseitigung einer Störung beträgt $t_S$ = 2 Minuten. Die Kosten für ein fehlerhaft montiertes Werkstück werden mit w = 5 DM angesetzt. Der bisher beobachtete Reinheitsgrad der Schraubenlieferungen beträgt $X_1$ = 1.000. Es ist ein verbesserter Reinheitsgrad von $X_2$ = 10.000 zu erwarten, dafür entsteht ein Mehrpreis $\Delta P$ von 4 DM/1.000 Stück = 0,004 DM/Stück:

$$N = n (\frac{1}{X_1} - \frac{1}{X_2}) * (k * t_S + w) - n * \Delta P$$

$$N = 4 \frac{1}{1.000} - \frac{1}{10.000}) * (0,5 * 2 + 5) - 4 * 0,004$$

N = 0,0056 DM/Werkstück oder
N = 0,0056 * 30 = 0,168 DM/min. oder
N = 0,168 * 60 = 10,08 DM/h.

# 4 Schraubtechnik – Schraubanlagen

Gerd Bauer

## 4.1 Das Ziel der Schraubverbindung.
### Die Begriffe und deren Zusammenhänge in der Schraubtechnik

*4.1.1 Das Ziel der Schraubverbindung*

Eine Schraubverbindung soll erreichen, daß zwei miteinander verschraubte Teile sich unter Betriebsbelastung verhalten wie ein Stück. Das bedeutet bei Druck- oder Zugbesastung dürfen Teile in der Tennfuge nicht klaffen. Beispiel: Lagerdeckel, Pleuel.

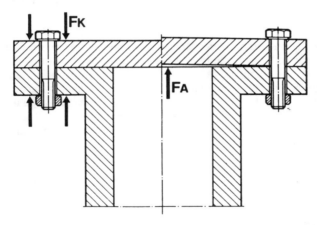

Bild 4.1:

Bei Gas- oder Flüssigkeitsdruckbesastung muß die Dichtfunktion gewährleistet werden. Beispiele: Druckkessel, Zylinderkopf.

Bei Torsionsbelastung muß unter Betriebbesastung ein ausreichender Reibschluß erreicht werden. Beispiel: Schwungrad auf Kurbelwelle oder Felge auf Radnabe.

Das Schraubziel wird erreicht, wenn die Klemmkraft unter Berücksichtigung von Setzverhalten, Reibungsstreuung und Drehmomentstreuung höher als die angreifende Betriebskraft ist.

## 4.1.2 Die Begriffe und deren Zusammenhänge in der Schraubtechnik

### 4.1.2.1 Spannung-Dehnung, Drehmoment-Drehwinkel

Die im Zugversuch ermittelten Spannungs-Dehnungsdiagramme verschiedener metallischer Werkstoffe zeigen einen linearen Zusammenhang zwischen Spannung und Dehnung innerhalb des elastischen Bereichs der Werkstoffe. Oberhalb der Proportionalitätsgrenze nimmt die Dehnung des Werstoffes überproportional zur Spannung zu und nahezu gleichzeitig, ab Erreichen der Streckgrenze, ist eine bleibende Dehnung des Werkstoffes zu beobachten.

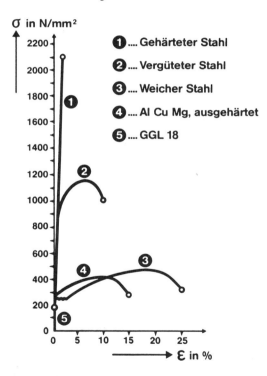

Bild 4.2: Spannungs-Dehnungsdiagramm

Übertragen in die Schraubtechnik zeigt das Spannungs-Dehnungsdiagramm, Reibung und anteilige Werkstückpressung vorläufig außer Acht gelassen, das Verhalten einer Schraube während des Festziehens. Über die schiefe Ebene des Gewindes wird die Schraube proportional zum Drehwinkel gedehnt. Entsprechend dem aufgrebrachten Drehmoment kommt eine zunächst linear mit dem Drehwinkel ansteigende Zugkraft zustande.

Wird die Schraube nun weitergedreht, so nimmt nach Erreichen der Proportionalitäts- bzw. Streckgrenze des Schraubenwerkstoffes die Zugspannung der Schraube zunächst langsamer, dann nicht mehr zu. Wie beim Zugversuch fällt danach die Zugspannung durch Materialeinschnürung vor dem Bruch ab.

Der Werkstoff der Schraube soll einerseits möglichst nahe an die maximal zulässige Spannung herangezogen werden um die höchstmögliche Vorspannkraft zu erreichen, andererseits muß unter Berücksichtigung der Meßunsicherheiten und zusätzlicher Dehnung unter Betriebsbelastung ein ausreichender Abstand von der Bruchdehnung eingehalten werden.

### 4.1.2.2 Montagevorspannkraft, Reibung, Setzbetrag, Anziehfaktor

In der vorigen Betrachtung haben wir einen direkten Zusammenhang zwischen Drehmoment und Zugspannung sowie zwischen Drehwinkel und Dehnung vorausgesetzt, was bei Vernachlässigung der Einflußfaktoren Reibung, Setzerscheinung und Werkstückpressung zulässig war. Die Zusammenhänge im realen Schraubfall werden im Verspannungsdiagramm nach der VDI Richtlinie 2230 dargestellt. Die Dehnung der Schraube und die gleichzeitige Pressung der Werkstückteile führen zu einer bestimmten Montagevorspannkraft $F_M$. Durch Einebnen von Oberflächenrauhigkeiten oder Verdrängen von Material unter dem Schraubenkopf oder in der Trennfuge der Werkstücke wird die Schraubendehnung und die Werkstückpressung reduziert, wobei die Montagevorspannkraft um den Betrag $F_Z$ reduziert wird.

Die verbleibende Klemmkraft $F_k$ muß die Funktion der Schraubstelle unter Betriebsbedingungen sicherstellen. Wird die Schraube nach Drehmoment angezogen, so ist diese einerseits so auszulegen, daß beim niedrigsten vorkommenden Drehmoment und der am höchsten vorkommenden Unterkopf- und Gewindereibung die mindestens erforderliche Klemmkraft erreicht wird. Andererseits darf die Schraube beim Zusammentreffen des höchsten vorkommenden Drehmomentes mit der niedrigsten vorkommenden Unterkopf- und Gewindereibung nicht überdehnt werden.

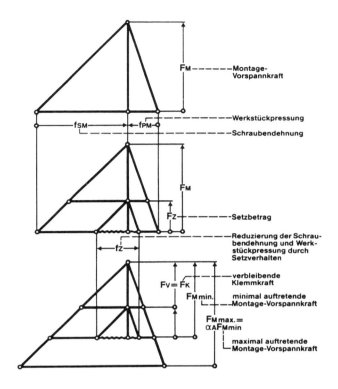

Bild 4.3: Vorspannungsdiagramm entsprechend VDI-Richtlinie 2230

Der Schraubenquerschnitt A ist also nach der höchstmöglichen Zugspannung $F_{max}$ auszulegen. $A = F_{max} / 0{,}9 \cdot \sigma_{0,2}$

Die niedrigste zu erwartende Zugspannung $F_{min}$ muß aber das Ziel der Schraubverbindung erreichen.

Das Verhältnis der Kräfte $F_{max}/F_{min}$ abhängig von Reibungsstreuung und Drehmomentstreuung ist der Anziehfaktor $\alpha A$. Der Anziehfaktor gibt also an, wie eng der Zusammenhang zwischen gemessenem Drehmoment und erreichter Vorspannkraft ist.

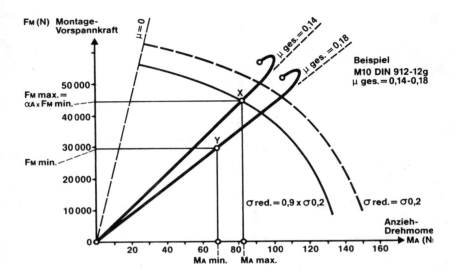

Bild 4.4: Drehmoment-Vorspannkraft-Diagramm entsprechend VDI- Richtlinie 2230

## 4.2 Die Schraubverfahren und deren Anwendungsbereiche

Grundsätzlich wird das jeweilige Ziel der Schraubverbindung, Klaffen vermeiden, Dichtfunktion oder Reibschluß, durch eine bestimmte Klemmkraft erreicht, die höher ist als die angreifende Betriebsbelastung.

Eine direkte Messung der Klemmkraft z.B. über eine Druckmeßdose unter dem Schraubenkopf oder eine Messung der Schraubedehnung mittels Drehmeßstreifen, Ultraschallinterferenzmessung oder mit einem Meßstift in einer Längsbohrung der Schraube ist wegen des Aufwandes und der Kosten nur in Sonderfällen vertretbar.

In der technischen Massengüterproduktion muß man mit den zwar weniger aussagekräftigen aber leichter zugänglichen Größen Drehmoment und Drehwinkel auskommen.

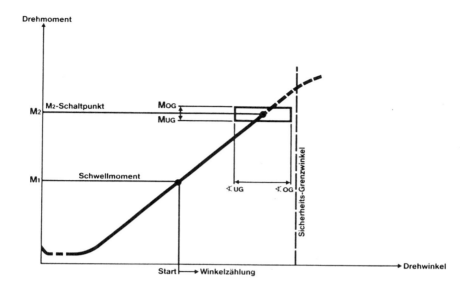

Bild 4.5: Schraubverfahren: Drehmomentgesteuert/Drehwinkelüberwacht

## 4.2.1 Das drehmomentgesteuerte Anziehverfahren

Die am leichtesten zugängliche Meßgröße in der Schraubtechnik ist das über eine Torsionswelle gemessene Drehmoment. Bei Handschraubgeräten kann das Drehmoment über eine Überrast- oder Abschaltkupplung begrenzt werden. Beim Druckluft-Abwürgeschrauber erfolgt die Drehmomentbegrenzung über den Luftdruck. Die mit einem drehmomentgesteuerten Anziehverfahren erreichte Vorspannkraft hängt ab von der Reibungsstreuung unter dem Schraubenkopf und im Gewinde sowie von der Drehmomentstreuung des Schraubgerätes.

Mit sensorbestückten Schraubgeräten samt zugehöriger Steuerelektronik kann zum einen die Drehmomentstreuung in engen Grenzen gehalten werden, zum anderen kann über eine Drehwinkelüberwachung die Reibung in der Schraubverbindung überwacht werden. Bei einem Verschraubungsergebnis innerhalb eines durch Drehmoment- und Drehwinkelgrenzen vorgegebenen Gut-Fensters ist sichergestellt, daß die erreichte Kemmkraft der Schraubverbindung in entsprechend engen Grenzen streut.

Um einen engen Reibungs- und damit Drehwinkelbereich zu erreichen, können die Schrauben gleitbeschichtet, gewachst oder geölt werden.

Je nach zu erwartender Streubreite der Reibung und des Drehmomentes ist eine Schraubendehnung im elastischen Bereich mit entsprechendem Abstand von der maximalen Zugspannung $\sigma_{max}$ erreichbar.

Weil die Schraube beim drehmomentgesteuerten Schraubverfahren im elastischen Bereich gedehnt wird, ist eine nachträgliche Prüfung durch Weiterdrehen mit einem Drehmomentschlüssel bedingt zulässig und aussagekräftig.

Einsatzgebiete des drehmomentgesteuerten Schraubverfahrens sind alle Schraubverbindungen, bei denen eine gewisse Klemmkraftstreuung bei der Konstruktion berücksichtigt werden kann und damit zulässig ist.

Zusammenfassung des drehmomentgesteuerten Schraubverfahrens:

Vorteile:
— Das Drehmomendt ist leicht meß- und steuerbar
— preisgünstige Schraubgeräte verfügbar
— das Drehmoment ist nachträglich überprüfbar

Nachteile:
— je nach Schraubgerät und Überwachungsaufwand gemäß Anziehfaktor 1,5—4 größer dimensionierte Schraube
— entsprechende Klemmkraftstreuung.

### 4.2.2 Das drehwinkelgesteuerte Anziehverfahren

Das drehwinkelgesteuerte Anziehverfahren setzt ein Schraubgerät mit Drehwinkel- und Drehmomentsensorik samt zugehöriger Steuerelektronik voraus. Die Schraubstelle soll möglichst starr, die Schraube soll gezielt nachgiebig sein. Geeignete Schrauben für das drehwinkelgesteuerte Anziehverfahren sind lange Schaftschrauben und insbesondere Dehnschaftschrauben. Die Schraube wird über ihre Streckgrenze hinaus in den flach verlaufenden Teil ihrer Spannungs-Dehnungskennlinie gedehnt. Der hierzu notwendige Drehwinkel ab einem gegebenen Schwellmoment wird rechnerisch oder experimentell ermittelt. Die erreichte Vorspannkraft hängt damit nicht mehr von Reibungs- oder Drehmomentstreuung ab, sondern nur noch von Spannungsquerschnitt, Klemmlänge und Werkstoff der Schraube. Eine größere plastische Dehnung der Schraube wird in Kauf genommen, was eine mehrmalige Verschraubung derselben Schaube nicht oder nur unter restriktiven Bedingungen zuläßt.

Das drehwinkelgesteuerte Anziehverfahren wird dort angewandt, wo konstante Klemmkräfte bei kleinem Schraubenquerschnitt erforderlich und große Klemmlängen realisierbar sind.

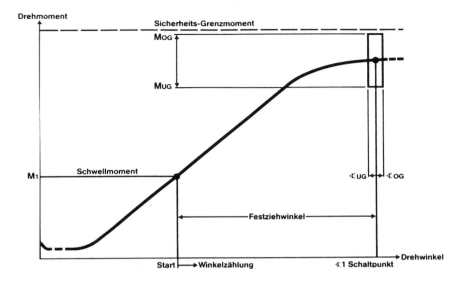

Bild 4.6: Schraubverfahren: Drehwinkelgesteuert/ Drehmomenüberwacht

Zusammenfassung des drehwinkelgesteuerten Schraubverfahrens:

Vorteile:
- konstante Klemmkraft unabhängig von Reibung- und Momentenstreuung
- kleiner Schraubenquerschnitt entsprechend Anziehfaktor= 1

Nachteile:
- hoher Meßaufwand. Schraubgerät mit Drehmoment- und Drehwinkelsensor
- große Klemmlänge, möglicherweise Drehschaftschrauben erforderlich
- starre Schraubstelle erforderlich
- keine nachträgliche Überprüfung der Verschraubung mit Meßschlüssel möglich.

## 4.2.3 Das streckgrenzgesteuerte Anziehverfahren

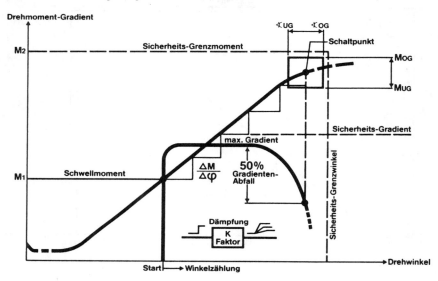

Bild 4.7: Schraubverfahren: Streckgrenzgesteuert/Drehmoment- Drehwinkelüberwacht

Beim streckgrenzgesteuerten Anziehverfahren wird während des Festziehens der Schraube ständig der Anstieg des Drehmomentes über einem fixen Winkelincrement rechnerisch ermittelt. Solange die Schraube innerhalb der Hook' schen Geraden gedehnt wird, ist der Momentenanstieg konstant. Nach Überschreiten der Proportionalitätsgrenze des Schraubenwerkstoffes wird der Momentenanstieg über dem Winkelincrement geringer. Rechnerisch wird die erste Ableitung der $M = f(\varphi)$ Kurve gebildet, die konstant verläuft, solange der M-Anstieg konstant ist und abfällt, wenn der M-Anstieg flacher wird. Bei einem bestimmmten Abfall des Gradienten, i.d.R. um 50%, wird die Verschraubung beendet. Mit diesem Schraubverfahren wird erreicht, daß die Schraube exakt bis zu ihrer Streckgrenze gedehnt wird und damit unabhängig von Reibungs- und Momentenstreuungen eine konstante nur von den Schraubendaten abhängige Klemmkraft erreicht wird. Die plastische Dehnung der Schraube ist einerseits so klein, ca. 0,2 % der Einspannlänge, daß die Schraube wiederholt verschraubt werden kann, anderseits groß genug, um das Erreichen der Streckgrenze durch Längenmessung der Schraube nachweisbar zu machen.

Bei der Realisierung des Streckgrenz-Schraubverfahrens war das Problem wechselnder Reibung und wechselnder Schraubenwerkstoffdaten zu lösen. Die Betrachtung der M=f($\varphi$) Kurven bei hoher und niedriger Reibung zeigt einen unterschiedlichen Maximalgradienten $\Delta M / \Delta \varphi$.

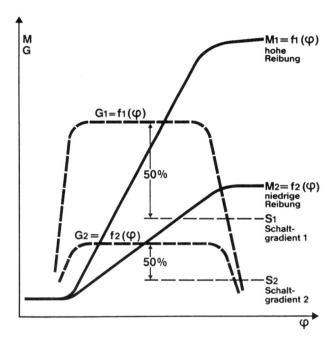

Bild 4.8: Einfluß der Reibung auf die Streckgrenzabschaltung

Der Schaltgradient soll einerseits nahe am Maximalgradienten liegen, um eine möglichst geringe plastische Dehnung der Schraube zu erreichen; andererseits soll der Schaltgradient ausreichend Abstand vom Maximalgradienten haben, um bei einem unregelmäßigen Momentenverlauf durch Reibungsänderungen oder stick-slip-Effekte, ein vorzeitiges Abschalten vor Erreichen der Streckgrenze zu vermeiden. Die Erfahrung zeigt, daß ein Schaltgradient, der bei 40-60% des Maximalgradienten liegt, beide Forderungen erfüllt.

Bei fixer Vorgabe eines Schaltgradienten stellt sich die Frage, an welchem Maximalgradienten - dem für hohe Reibung oder dem für niedrige Reibung - sich der Schaltgradient orientieren muß.

Angenommen, der Schaltgradient wird entsprechend den Verhältnissen bei hoher Reibung festgelegt, also $G_1 = \Delta M/\Delta \varphi$ hoch. Bei einer Verschraubung mit niedriger Reibung würde sann je nach Programmierung der Schraubersteuerung sofort abgeschaltet, da der Schaltgradient unterschritten ist. Dies würde zu einer zu geringen Klemmkraft führen. Bei ausschließlicher Auswertung des Schneidens der Schaltgradientenlinie von oben würde der Schaltgradient unterlaufen, d.h., die Schaltbedingung wird nie ereicht, die Schraube wird abgerissen. Um dies zu vermeiden, kann ein Sicherheitsgrenzwinkel gesetzt werden. Ein Abschalten nach diesem Sicherheitsgrenzwinkel entspricht aber nicht den Forderungen des Streckgrenzverfahrens, sondern eher einem Drehwinkelverfahren mit den dort üblichen Einschränkungen bezüglich der Schraubenform und der Wiederverwendbarkeit der Schraube.

Betrachten wir jetzt den Fall, daß der fixe Schaltgradient entsprechend den Verhältnissen bei niedriger Reibung nämlich $G_2 = \Delta M/\Delta \varphi$ tief vorgegeben wird.

Der Schaltgradient wird jetzt zwar nicht mehr unterfahren, aber die $G = f(\varphi)$ Kurve bei hoher Reibung schneidet diesen niedrig festgelegten Schaltgradienten erst bei einem Abfall von 70 - 90 %, was zu einer größeren plastischen Dehnung der Schraube - wiederum ähnlich dem Drehwinkelverfahren- führt. Es gelten jetzt ebenfalls die einschränkenden Bedingungen für das Drehwinkelverfahren.

Das Problem wurde dadurch gelöst, daß der Schraubersteuerung kein absoluter Schaltgradient, sonder ein prozentualer Abfall des jeweil ermittelten Maximalgradienten vorgegeben wird. Während des Endanziehens der Schraube wird ein rechnerisch gemittelter Maximalgradient abhängig von den jeweiligen Reibverhältnissen und Schraubenwerkstoffdaten ermittelt und gespeichert. Bei deutlicher Unterschreitung des Maximalgradienten, i.d. Regel um 40- 60 % wird geschaltet.

Nur dieses, durch Patent der Fa.SPS geschützte Verfahren, garantiert das zuverlässige Erreichen der Streckgrenze des Schraubenwerkstoffes ohne diese wesentlich zu überschreiten. Auf dem europäischen Markt wird dieses Schraubverfahren außer von SPS von Robert Bosch (Elektrowerkzeuge) als Lizenznehmer angeboten.

Das Streckgrenzanziehverfahren kann überall dort eingesetzt werden, wo sichergestellt ist, daß keine anderen Bauelemente wie Unterlegscheibe oder Werkstückteil vor der Schraube die Streckgrenze erreichen. Mit diesem Verfahren kann unabhängig von Reibungs- und Drehmomentstreuung eine hohe Konstanz der Vorspannkraft erreicht werden. Besondere Anforderungen an die Schraube werden nicht gestellt. Wegen der geringen plastischen Dehnung reicht eine Dehnlänge von ca. 2 - 3 freien Gewindegängen aus.

Zusammenfassung des Streckgrenzgesteuerten Anziehverfahrens:

Vorteile:
- konstante Vorspannkraft unabhängig von Reibungs- und Momentenstreuung.
- kleiner Schraubenquerschnitt entsprechend Anziehfaktor = 1
- keine spezielle Schraubenform erforderlich
- Schraube nach Demontage mehrfach wiederverwendbar

Nachteile:
- hoher Meß- und Auswerteelekronikaufwand
- adäquates Schraubverfahren beim Service der Produkte muß verfügbar sein.

*4.2.4  Einfluß der Schraubgeräte und der Schraubverfahren auf die Dimensionierung der Schraubverbindung*

Die folgende Tabelle zeigt den Einfluß des Schraubwerkzeuges und des Schraubverfahrens auf die Dimensionierung der Schraube bei vorgegebener Mindestmontagevorspannkraft.

| Schraubwerkzeug | Schraubspindel mit integriertem M, W- Geber 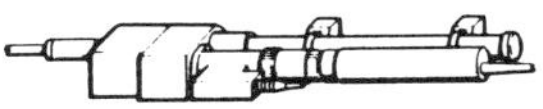 | | | Abschalt-Überrastschrauber  | Schlagschrauber 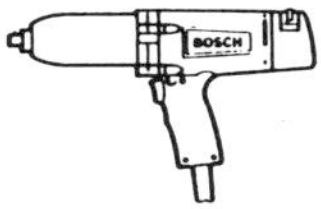 | |
|---|---|---|---|---|---|---|
| Schraubverfahren | Streckgrenzgesteuert | Drehwinkelgesteuert | Drehmomentgesteuert W-überwacht | Drehmomentbegrenzt | Drehmomentbegrenzt mit Zeitsteuerung | Drehmomentbegrenzt |
| Anziehfaktor | 1 | 1 | 1,5 | 2 | 3 | 4 |
| Schraube Qualität 8.8 Klemmlänge 20 mm | M 8  | M 8  | M 10 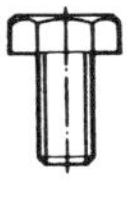 | M 12 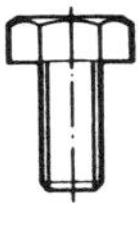 | M 14 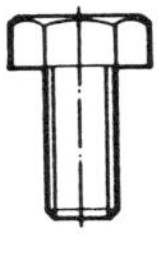 | M 16 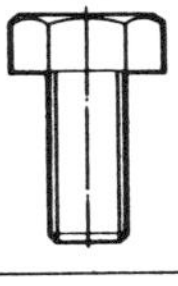 |
| min. Vorspannkraft $F_{min}$ | 15 000 N | 15 000 N | 15 000 N | 15 000 N | 15 000 N | 15 000 N |
| max. Vorspannkraft $F_{max}$ | 15 000 N | 15 000 N | 22 000 N | 30 000 N | 45 000 N | 60 000 N |

Bild 4.9: Einfluß der Schraubgeräte und Schraubverfahren auf die Dimensionierung der Schraube

Es wird eine Schraube der Qualität 8.8 bei einer Klemmlänge von 20 mm angenommen.

Bei den nicht drehmomentenabhängigen Schraubverfahren mit Anziehfaktor = 1 wird die Mindestmontagekraft von 15 000 N mit einer M 8 Schraube erreicht. Mit dem Schraubverfahren variiert hier die vorgeschriebene Schraubenform. Bei den drehmomentorientierten Schraubverfahren muß der Schraubenquerschnitt entsprechend dem Faktor $\alpha$ A größer gewählt werden, um die Schraube bei F max nicht zu überlasten und andererseits F min = 15000 N sicher zu erreichen.

### 4.3 Die Auswertung der Schraubdaten im Bezug auf die Qualitätssicherung der Schraubverbindung

#### 4.3.1 Die Drehmomentüberwachung

Die Drehmomentüberwachung einer Verschraubung geschieht vorzugsweise dynamisch über einen in die Schraubspindel eingebauten oder zwischen Schraubspindel und Schraubstelle zwischengesetzten Meßwertgeber.

Wo eine nachträgliche Momentprüfung unumgänglich ist, muß das Meßverfahren zwischen Haft- und Gleitreibung unter dem Schraubenkopf bzw. im Gewinde unterscheiden.

Eine reproduzierbare Nachprüfung des Drehmomentes ist mit einem Drehmomentaufnehmer mit Auswertelektronik und Transientenrekorder möglich. Der Antrieb des Drehmomentprüfgerätes sollte möglichst motorisch sein, um eine zentrische Momenteneinleitung und konstante Drehgeschwindigkeit zu garantieren. Aus der aufgezeichneten Momentenkurve ist das Losreißmoment sowie der durch die Prüfung verursachte Momentenanstieg zu entnehmen. Durch Rückextrapolation der Momentenanstiegskurve zum Startzeitpunkt ist das vorher erreichte Drehmoment ermittelbar.

Diskrepanzen der so ermittelten Weiterdrehmomente zu den während der Verschraubung dynamisch gemessenen Drehmomente rühren vom Langzeitsetzverhalten der Schraubstelle.

Eine Drehmomentprüfung mittels Meßschlüssel ist mit zusätzlichen Meßunsicherheiten behaftet, wie exzentrische Momenteneinleitung oder stark wechselnde Drehgeschwindigkeit.

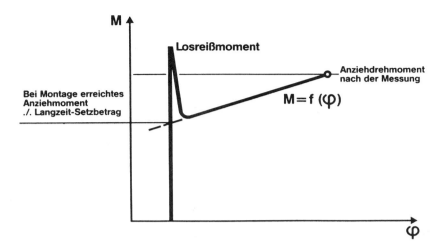

Bild 4.10: Nachträgliche Drehmomentprüfung mit Meßschlüssel

Eine Drehmomentprüfung mittels Knickschlüssel ermöglicht nur eine bedingte Überwachung der Momentuntergrenze, eine mögliche Überschreitung der Drehmomentobergrenze bleibt hier außer Acht.

Bei jeder dieser nachträglichen Momentenüberwachungen ist zu beachten, daß das ursprünglich erreichte Drehmoment durch die Prüfung verändert wird.

*4.3.2 Die Drehwinkelüberwachung*

Die Drehwinkelüberwachung beim drehmomentgesteuerten- oder beim streckgrenzgesteuerten Schraubverfahren ermöglicht eine Aussage über die Reibverhältnisse an der Schraubstelle, über Gewindefehler oder über abweichende Werkstoffeigenschaften.

Die Winkelzählung setzt beim elektronisch gesteuerten oder überwachten Schraubverfahren nach Erreichen eines bestimmten Schwellmomentes ein. Die Charakteristik des Momentenanstieges über den Drehwinkel gibt Auskunft über den normalen bzw. fehlerhaften Verlauf des Schraubvorganges.

Den Zusammenhang zwischen Drehmoment/Drehwinkel und der erreichten Klemmkraft zeigt der folgende Versuch:

Mit einem labormäßigen Aufbau wurden Drehmoment und Drehwinkel einer elektronisch gesteuerten Spindel, wid auch die erreichte Klemmkraft im Werkstück gemessen.

Verwendet wurde ein M 10 Schraube der Qualität 10.9 bei einer Klemmlänge von 30 mm. Die erste Versuchsverschraubung auf einem Stahlwerkstück mit einer niedrigen Reibung zwischen Schraubenkopf und Werkstück zeigte einen Drehwinkel von 43° zwischen 20 und 40 Nm. Die gleichzeitig gemessene Klemmkraft erreichte ca. 28 000 N.

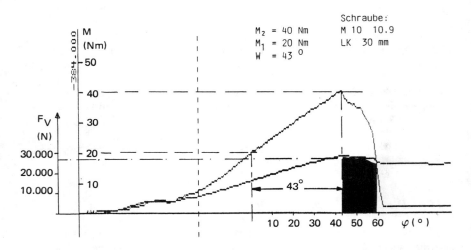

Bild 4.11: M/F Verlauf Schraubspindel bei Materialpaarung: Stahl / Stahl geschmiert, Reibung niedrig

Im 2. Versuch wurde das Stahlwerkstück durch ein Aluminiumteil ersetzt. Die Schraubstelle wurde nicht geschmiert. Nun zeigte sich ein Drehwinkel von 20° zwischen 20 und 40 Nm. Die gleichzeitig gemessene Klemmkraft erreichte nun nur ca. 15 000 N.

Der Versuch zeigt, daß die normalerweise nicht zugängliche Klemmkraft mittelbar über das Drehmoment und den Drehwinkel ermittelt werden kann.

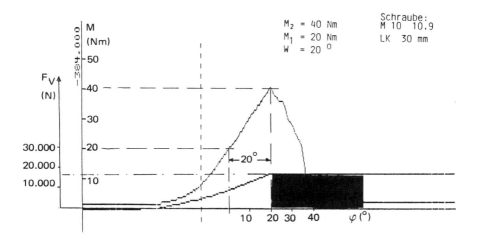

Bild 4.12: M/F Verlauf Schraubspindel bei Materialpaarung: Stahl / Alu, Reibung hoch

*4.3.3 Die Streckgrenzüberwachung*

Das Erreichen der Streckgrenze wird von der Steuerelektronik während der Verschraubung über das Flacherwerden der Drehmoment/ Drehwinkelkurve bzw. das Abfallen der Gradientenkurve ermittelt.

Der korrekte Verlauf der Drehmomentenkurve über den Drehwinkel und ein Schrauberergebnis innerhalb eines von Drehmoment- und Drehwinkelgrenzwerten gebildeten Gutfensters indiziert eine korrekte Streckgrenzverschraubung.

Abweichungen der Schraubwerkstoffdaten, unzulässige Reibungsabweichungen oder Gewindefehler sind durch Drehmoment/Drehwinkelüberwachung möglich.

Die nachträgliche Überprüfung einer Streckgrenzverschraubung ist nur mit präparierten und exakt vermessenen Schrauben durchführbar. In die Schraube werden Kopf und Schaftunterseite Zentrierbohrungen angebracht oder Hartmetallkugeln eingedrückt. Jetzt kann die exakte Länge der Schraube gemessen werden. Nach erfolgter Streckgrenzverschraubung wird die Schraube wieder ausgeschraubt und abermals vermessen. Hierbei muß eine plastische Dehnung der Schraube von ca. 0,2 % bezogen auf die Dehnlänge der Schraube feststellbar sein.

### 4.3.4 Die Hüllkurvenüberwachung

Bei selbstschneidenden oder selbstfurchenden Schrauben kann es notwendig sein, das Drehmoment während des Eindrehens zu überwachen. Bei zu enger Gewindebohrung wird das Eindrehmoment zu hoch und bei konstantem Festziehmoment die erreichte Klemmkraft zu niedrig. Bei zu großer Gewindebohrung wird die Gewindetiefe und damit die Tragkraft der Schraubverbindung zu gering. Dies wird durch zu niedriges Eindrehmoment angezeigt.

Beim Verschrauben von empfindlichen, teuren Werkstücken kann die Begrenzung des Eindrehmomentes notwendig sein. Bei schräg angesetzter Schraube oder Mutter würde die Verschraubung bis zum Schaltmoment bzw. Schaltwinkel fortgesetzt und mit "nicht in Ordnung" gekennzeichnet, aber das Werkstück kann dabei bereits Schaden genommen haben.

Eine Variante der Hüllkurvenüberwachung, hier während des Endanzuges, ist die Stick-slip-Überwachung. Bei Verschraubungen z.B. auf Lackflächen kann es zu mehrmals steil ansteigenden und abfallenden Momentenkennlinien, d.h. zum Rattern der Schraube kommen.

In diesen Fällen sind die erreichten Drehmomentwerte unzuverlässig. Das Rattern kann z.B. über eine Veränderung der Drehzahl abgestellt werden.

### 4.3.5 Die redundante Überwachung von Schraubparametern

Bei lebenswichtigen Verschraubungen kann es notwendig sein, die Schraubparameter doppelt zu überwachen. Hierzu kann in die Schraubspindel ein zweiter Meßwertgeber für Drehmoment und Drehwinkel eingebaut werden. Die Signale dieses Gebers müssen in einer zulätzlichen Auswertelektronik verarbeitet und mit den Signalen des Primärgebers verglichen werden soweit die Schraubersteuerung nicht in der Lage ist, zwei Signalsätze parallel zu verarbeiten.

Wo andere drehmoment- oder drehwinkelproportionale Meßgrößen, z.B. Stromaufnahme des Antriebsmotors oder Winkelsignal des Motorgebers zur Verfügung stehen, können diese zur redundanten Überwachung herangezogen werden.

In einem weiteren Schritt können auch drei gleich bedeutende Signale ausgewertet werden. Bei einem Fehler eines Signals ist dieses durch Abweichungsvergleich feststellbar. Eine so ausgestattete Schraubanlage kann ohne Einbuße von

Qualität oder Sicherheit trotz eines Fehlers in einem Signal weiterbetrieben werden, z.B. bis zum Schichtwechsel. Damit wird die Verfügbarkeit einer Schraubanlage wesentlich erhöht.

## 4.3.6 Die Aussagekraft der Drehmoment/Drehwinkelüberwachung

Durch Drehmoment/Drehwinkelüberwachung werden abweichende Reibungsverhältnisse bei allen Schraubverfahren erkannt.

Abweichende Schraubenwerkstoffe, d.h. zu harte oder zu weiche Schrauben werden beim streckgrenzgesteuerten und drehwinkelgesteuerten Schraubverfahren erkannt. Beim drehmomentgesteuerten Schraubverfahren wird zwar eine zu weiche Schraube erkannt, aber eine zu harte Schraube verhält sich erst oberhalb des Kontrollfensters anders als die normalfeste Schraube und wird somit nicht erkannt.

Damit bietet nur das Streckgrenz Anziehverfahren mit Drehmoment- und Drehwinkelüberwachung eine vollständige Kontrolle der Schraubenwerkstoffeigenschaften.

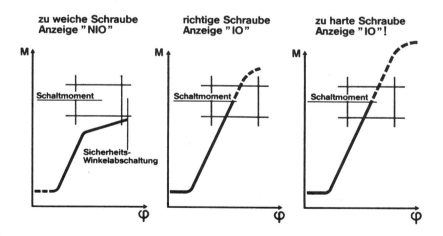

Bild 4.13: Aussagekraft der Drehmoment/Drehwinkel-Überwachung bei variierenden Materialdaten

## 4.4 Schraubgeräte mit mechanischer Drehmomentsteuerung

### 4.4.1 Der Schlagschrauber

Im industriellen Bereich wird der Schlagschrauber zum Anziehen von Schrauben kaum noch eingesetzt. Im Stahlbau und im Servicebereich ist der Schlagschrauber als leichter, handlicher und preisgünstiger Schrauber geschätzt. Der wesentliche Vorzug des Schlagschraubers liegt darin, daß selbst bei hohen Anziehmomenten praktisch kein Rückdrehmoment auftritt und damit ohne Abstützung gearbeitet werden kann. Der Schlagschrauber ist geeignet, um an Nacharbeitsplätzen oder biem Service festsitzende Schrauben zu lösen. Überall dort, wo eine Schraubverbindung mit dem Schlagschrauber angezogen wird, ist der hohe Anziehfaktor $\alpha \cdot A = 3$ bis $4$ zu berücksichtigen. Der hohe Anziehfaktor rührt von einer starken Abhängigkeit des erzielten Drehmomentes von der Schlagzahl, also der Zeit, die der Schrauber die Schraube festzieht.

Die Schlagzahl kann durch ein Zeitsteuergerät eingegrenzt werden, was zu einem niedrigeren Anziehfaktor führt.

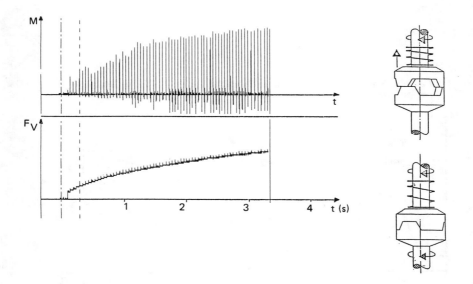

Bild 4.14: $M/F_V$ Verlauf Schlagschrauber

Vorteile:
- klein, leicht und preisgünstig
- geringes Rückdrehmoment

Nachteile:
- Anziehfaktor 3–4, d.h. in Bezug auf die erforderliche Vorspannkraft extrem überdimensionierte Schraube notwendig
- hohe Lärmentwicklung

### 4.4.2 Der Impulsschlagschrauber

Seit 1981 befindet sich eine Weiterentwicklung des Schlagschraubers, der Impulsschlagschrauber, auf dem Markt.

Im Unterschied zum Schlagschrauber, wo pro Schlag Kupplungsklauen aufeinanderprallen, wird beim Impulsschlagschrauber pro Schlag eine Ölmenge in einem Ölumlaufschlagwerk durch eine einstellbare Engstelle gepreßt.

Das Drehmoment des Impulsschlagschraubers wird von der Öldurchflußöffnung der Engstelle bestimmt und ist damit leicht einstellbar.

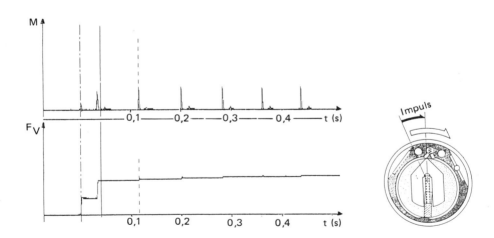

Bild 4.15: $M/F_V$ Verlauf Impuls-Schlagschrauber

Vorteile:
- geringes Rückdrehmoment
- leise
- gute Drehmomentwiederholgenauigkeit. $\alpha A$ etwa $2 - 2,5$
- verschleißarm durch Ölumlaufschlagwerk

Nachteil:
- größer, schwerer und teurer als ein Schlagschrauber gleichen Drehmomentes.

### 4.4.3 Der Überrastschrauber

Der Überrastschrauber mit pneumatischem oder elektrischem Antrieb arbeitet mit einer einstellbaren Überrastkupplung. Bei Erreichen des über eine Feder eingestellten Drehmomentes werden die Kupplungshälften über Schrägen oder Rollen auseinandergedrückt. Solange der Schrauber auf die Schraubstelle aufgesetzt ist und läuft, wirken die Momentspitzen der eingestellten Höhe auf die Schraubstelle, d.h. bei Setzverhalten wird nachgezogen.

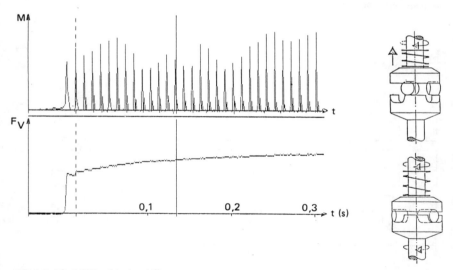

Bild 4.16: $M/F_V$ Verlauf Überrastschrauber

Vorteile:
- klein, leicht und preisgünstig
- Anziehfaktor ungefähr 2

Nachteile:
- Rückdrehmoment. Bei höheren Momenten Abstützung notwendig
- mittlere Lärmentwicklung

### 4.4.4 Der Abschaltschrauber

Wie beim Überrastschrauber wird beim Abschaltschrauber das Drehmoment über eine einstellbare Klauen- oder Rollenkupplung begrenzt. Im Unterschied zum Überrastschrauber bleiben aber die Kupplungshälften nach dem ersten Überrasten getrennt. Daduch ist keine Schraubzeitabhängigkeit des Drehmomentes gegeben und die Lärmentwicklung wird drastisch reduziert.

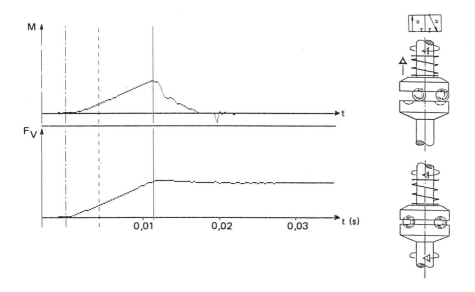

Bild 4.17: $M/F_V$ Verlauf    Abschaltschrauber

Vorteile:
- klein und leicht
- Anziehfaktor ungefähr 2

- leise
- keine Schraubzeitabhängigkeit des Drehmomentes

Nachteil:
- Rückdrehmoment bis zum Ausrasten.

### 4.4.5 Der Abwürgeschrauber

Das Abwürgen eines Druckluftmotors ist die einfachste Form der Drehmomentbegrenzung. Der Abwürgeschrauber besitzt keine Kupplung. Durch Versuch wird der Luftdruck ermittelt, bei dem der Schrauber bei Stillstand das gewünschte Drehmoment aufbringt. Die Wiederholgenauigkeit des Drehmomentes dieses Schraubers liegt bei ca. +/- 10 %. Das Drehmoment kann beliebig lange stehenbleiben, da der Druckluftmotor bei Blockierbetrieb keinen Schaden leidet. Das statische Drehmoment wirkt sich positiv bei Schraubstellen mit Langzeitsetzverhalten aus.

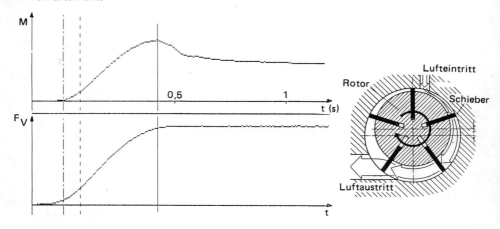

Bild 4.18: $M/F_V$ Verlauf Druckluft Abwürgeschrauber

Vorteile:
- preisgünstig, einfacher Aufbau
- statisches Drehmoment möglich
- geringe Lärmentwicklung

Nachteile:
- Luftdruckschwankungen wirken sich auf Drehmoment aus
- Rückdrehmoment = Anziehmoment
- schraubfallabhängiges Drehmoment.

### 4.5 Sensorbestückte Schraubgeräte mit elektronischer Steuerung

#### 4.5.1 Die Schraubanlage

Die bisher besprochenen Schraubwerkzeuge mit Drehmomentbegrenzung über Luftdruck, Schlagzahl oder Federkraft in einer Kupplung ermöglichen ausschließlich drehmomentorientierte Schraubverfahren. Der Bereich des Anziehfaktors reichte von ca. 2 bis 4. Um einen niedrigeren Anziehfaktor zu erreichen, ist es notwendig, das Drehmoment während jeder Verschraubung zu messen und außerdem den Drehwinkel zu erfassen.

Je nach Auswertung der beiden Parameter Drehmoment und Drehwinkel sind mit einer M/W-Sensor bestückten Schraubspindel alle Schraubverfahren realisierbar.

- Das drehmomentgesteuerte Schraubverfahren mit dynamischer Drehmomentmessung und Drehwinkelüberwachung
- Das drehwinkelgesteuerte Schraubverfahren mit Drehmomentüberwachung.
- Das streckgrenzgesteuerte Schraubverfahren mit Drehmoment und winkelüberwachung.

Die Schraubanlage besteht mindestens aus einer sensorbestückten Schraubspindel, einer Schraubersteuerung und einem Leistungsverstärker. Die Schraubspindel arbeitet in einer Schraubstation an einem Roboter oder ist als Handschraubgerät konstruiert. Der eingebaute Meßwertgeber liefert Signale über Drehmoment und Drehwinkel an die Schraubersteuerung.

In der Schraubersteuerung sind die Sollwertsätze und damit das jeweilige Schraubverfahren abgelegt. Bei Erreichen des Schaltwertes Moment Winkel oder Gradient wird der Spindelantriebsmotor über das Leistungsteil abgeschaltet bzw. aktiv gebremst. Die Schraubsteuerung wird alternativ über ein transportables oder stationäres Bedien- und Anzeigegerät programmiert oder erhält die Daten bei Computer Integrated Manufacturing, die Vorgabedaten über einen Zentralrechner.

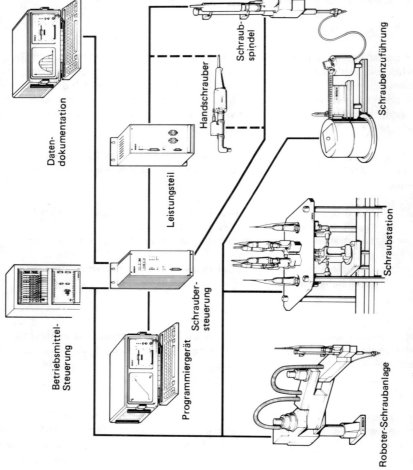

Bild 4.19: Übersicht über die Funktion einer Schraubanlage

## 4.5.2 Die Schraubspindel

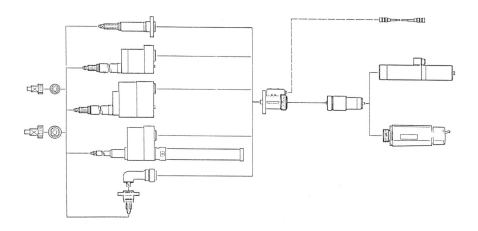

Bild 4.20: Schraubspindel-Komponenten

Eine Schraubspindel besteht grundsätzlich aus einem Antriebsmotor, einem Getriebe, einem Meßwertgeber und einem Abtriebselement. In Soderfällen, z.b. bei beengten Platzverhältnissen oder bei Roboterapplikation können zusäztliche Winkel- oder Umlenkgetriebe eingebaut werden.

Bei der Konstruktion einer Schraubspindel sind die folgenden Ziele zu verfolgen:

— kleinstmöglicher Durchmesser aller Bauelemente, um bei Mehrfachschraubern kleine Schraubabstände bzw. kleine Teilkreisdurchmesser zu erreichen.

— hohe Drehzahl der ersten Schraubstufe, um auch bei großen Einschraubtiefen kurze Taktzeiten zu erreichen.

— hohe Dynamik des Antriebsmotors, um kurze Bremszeiten und damit hohe Genauigkeit der Schraubparameter zu erreichen.

Maßgebend für den minimalen Spindelduchmesser bei gegebenem Moment ist die abtriebsseitige Getriebestufe des Planetengetriebes. Dieser Mindestdurchmesser wird bestimmt von einer minimalen Zähnezahl des Antriebsritzels und der Planetenräder sowie dem mindestens erforderlichen Verzahnungsmodul.

Diesem Durchmesser können alle anderen Bauelemente, auch der des Antriebsmotors angepaßt werden. Die Dynamik des Antriebsmotors und damit die erreichbare Schraubgenauigkeit hängt ab von der Drehzahl, dem Durchmesser und der Masse des Rotors. Um die Energie der drehenden Teile klein zu halten, wären kleine Drehzahlen vorteilhaft, andererseits steigt die Leistung des Antriebsmotors mit der Drehzahl, sodaß ein Kompromiß zwischen der Baugröße und Dynamik gesucht werden muß.

Der Forderung nach schlanken Motoren wegen kleiner Schraubabstände kommt die Forderung nach Läufern mit kleinem Durchmesser und kleiner Masse entgegen. Um ein ausreichendes Läufermoment zu erhalten, müssen die Motoren entsprechend lang gebaut werden.

Im folgenden eine Betrachtung der in der Schraubtechnik verwendeten Antriebsmotoren:

Der *Druckluftmotor* war lange Zeit der bevorzugte Antrieb für Handschraubgeräte. Der Motor kann ohne Kupplung als Abwürgeschrauber betrieben werden. Wegen seiner kleinen, leichten und robusten Bauform wird er heute noch bei Handschraubgeräten mit Kupplungsdrehmomentbegrenzung eingesetzt. Für elektronisch gesteuerte Schraubverfahren ist der Druckluftmotor wegen seiner schlechten Steuerbarkeit weniger geeignet.

Der *Hydraulikmotor*, nur in Spezialfällen angewandt, liefert bei kleinster Drehzahl ein hohes Drehmoment. Dies macht es möglich, extrem kurze, kompakte Schraubspindeln ohne Getriebe zu konstruieren.

Der *Kurzschlußläufer Drehstrommotor* ist für die Schraubtechnik insbesondere geeignet, da die Drehzahl über die Frequenz und das Drehmoment über den Strom der Versorgung unabhängig voneinander vorgegeben werden kann. Mit diesem Antriebsmotor wurden erstmals mehrstufig arbeitende Schraubspindeln ohne mechanisches Umschaltgetriebe konstruiert. Wegen des leichten Kurzschlußläufers ist die Dynamik dieses Motors hoch, außerdem ist er sehr robust, da er ohne Verschleißteile aufgebaut ist.

Der *bürstenbehaftete Gleichstrommotor* mit gewickeltem Eisenanker hat wegen der großen Läufermasse und wegen des großen Läuferdurchmessers eine geringe Dynamik. Die mit einem Gleichstrommotor angetriebenen Schraubspindeln sind i.d.R. ebenso wie die druckluftangetriebenen Schraubspindeln mit einem mechanischen Umschaltgetriebe bestückt, um die fehlende Regelbarkeit des Motors zu ersetzen.

Eine Sonderbauform des Gleichstrommotors ist der Glockenankermotor mit eisenlosem Läufer. Da der Glockenanker eine sehr geringe Masse aufweist, ist die

Dynamik dieses Motors erheblich höher als die des Eisenankermotors.

Der *elektronisch commutierte Motor* (EC Motor), manchmal auch als "bürstenloser Gleichstrommotor", "Synchron - Drehstrommotor" oder "Permanentmotor" bezeichnet, ist der jüngste Schraubspindelantrieb. Dieser Motor ist aufgebaut mit einem schlanken Läufer, der mit Ferrit oder Selten Erden Dauermagneten bestückt ist, der in einem gewickelten Dreiphasenstator läuft. Die Commutierung, d.h. Drehfelderzeugung geschieht über einen am Motor angebauten Winkelgeber im zugehörigen Leistungsverstärker.

Dieser Motor weist bei schlanker Bauform eine sehr hohe Dynamik auf. Mit den EC-Motor ist es möglich, ein hohes Drehmoment bei Stillstand zu erzeugen, was eine wichtige Forderung in der Schraubtechnik erfüllt.

*Der Meßwertgeber für Drehmoment und Drehwinkel.*
Die Forderungen an den in die Schraubspindel integrierten Meßwertgeber für Drehmoment und Drehwinkel sind: Verschleißfreiheit, Genauigkeit, Lageunabhängigkeit und kleine Bauform. Ursprünglich wurden Drehmomentgeber mit Drehmeßstreifen auf einer Torsionswelle aufgebaut. Das Meßsignal mußte hier über Schleifringe nach außen übertragen werden. Wegen der Verschleiß- und Genauigkeitsprobleme der Schleifringe wurde in einer zweiten Entwicklungsstufe ein Dehnmeßstreifen Reaktionsgeber konstruiert. Hier wurde das Reaktionsmoment über ein in die Spindel integriertes Torsionsrohr gemessen.
Der Reaktionsgeber war aber empfindlich gegen Biegung und Beschleunigung, sodaß das Meßsignal je nach Lage der Schraubspindel elektronisch genullt werden mußte. Eine Neuentwicklung der Fa. Bosch brachte einen Meßwertgeber mit Aktionsmomentenmessung über eine Torsionswelle, d.h. biegeunempfindlich, jedoch mit einer schleifringlosen Meßwertübertragung.

Der Wirbelstrom Meßwertgeber arbeitet mit zwei übereinander gestülpten — an je einem Ende der Torsionswelle befestigten — Schlitzhülsen aus leitendem Material. Um die mit der Torsionswelle drehenden Hülsen sind hochfrequenzdurchflossene Spulen fest am Gebergehäuse angeordnet. Die ortsfesten Spulen induzieren Wirbelströme in die drehenden Schlitzhülsen. Bei Torsion der Welle verändert sich das Schlitzbild der übereinandergestülpten Hülsen, wodurch eine Flächenänderung auftritt. Dadurch wird die Ausbildung der Wirbelströme in den Hülsen und damit der Energieentzug aus den HF-Spulen beeinflußt.

Mit diesem Meßprinzip ist es gelungen, einem genauen linearen verschleißfreien und lageunabhängigen Drehmomentmeßwertgeber zu konstruieren.

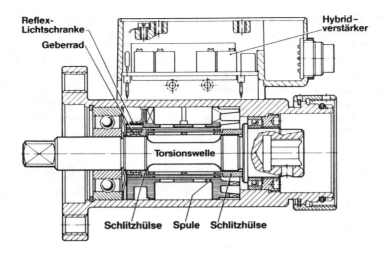

Bild 4.21: Wirbelstrom-Drehmoment/Drehwinkel-Sensor

*4.5.3  Die Schraubensteuerung*

Die Schraubensteuerung ist ein Mehrprozessorsystem, das durch verschiedene Eingabe- und Ausgabeeinheiten erweitert wird. Die Steuerung verarbeitet die Sensorsignale Drehmoment, Drehwinkel und Schraubweg und leitet daraus ein Steuersignal für den Leistungsverstärker ab. Die Sensoreingänge sind doppelt ausgeführt, sodaß bei Bedarf eine redundante Überwachung aller Parameter möglich ist.

Die Schraubersteuerung wird über ein externes Programmiergerät für einen bestimmten Schraubablauf programmiert. Die Ergebnisdaten einschließlich Kurvendarstellungen sind auf einem Bildschirm darstellbar. Die Schraubergebnisse können über ein Statistikprogramm statistisch ausgewertet oder auf einem Datenträger festgehalten werden. Die Schraubersteuerung erhält ihr Startsignal sowie gegebenenfalls eine Sollwertanwahl von einer übergeordeten Betriebsmittelsteuerung. Die Ergebnissignale "in Ordnung" oder "nicht in Ordnung" für den Schraubverlauf werden von der Schraubersteuerung an die Betriebsmittelsteuerung zurückgemeldet. Von dort aus wird dann der Weitertransport des Werkstückes veranlaßt, bzw. im Fehlerfall ein Nacharbeitsverfahren eingeleitet.

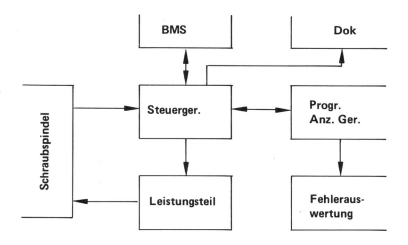

Bild 4.22: Blockschaltbild einer Schraubanlage

## 4.6 Schraubenzuführung und Schraubenprüfung in der automatischen Schraubstation

Die Schraubenzuführung in einer automatischen Schraubstation erfolgt entweder an einem Bereitstellungsplatz bei mehreren Schrauben in einer der Schraubstelle entsprechenden Maske, von wo der Einfach— oder Mehrfachschrauber die Schrauben in Magnetschlüssel aufnimmt. Bei Schraubenzuführung an die Schraubstelle wird die Schraube zwischen Schrauber und Werkstück mit Druckluft in eine Zuführzange zugeschossen. Die Zuführzange hält die Schraube solange fest, bis der Gewindefang die Schraubstelle und die Schrauberklinge den Schraubenkopf berührt. Während der Verschraubung wird die Zange geöffnet, um den Schraubenkopf samt Schraubwerkzeug durchzulassen.

Um ein zentrisches Öffnen der Zange auch nach längerem Einsatz zu gewährleisten, werden die Zangenbacken mit Verzahnungen versehen.

Es ist anzustreben, die Schraubenzuführung modular aus genormten Komponenten aufzubauen und weitestgehend schraubenspezifische Ausführungsformen zu vermeiden.

Die Grundelemente der Schraubenzuführung sind:
- Sortierautomat mit Füllstandskontrolle und Bunker
- Linearförderer mit Schraubenprüfeinrichtung
- Vereinzelner mit Schraubeneinzieheinrichtung
- Zuführschlauch (Profilschlauch für kurze Schrauben und Muttern)
- Bereitstellungsmaske
- Zuführzange mit Sensorik.

Die Aussortierung von Falschteilen oder richtigen Teilen in falscher Lage erfolgt zur Zeit noch über mechanische Schikanen im Sortierautomaten und am Übergang vom Sortierautomaten in den Linearförderer. Bei entsprechender Sensorik und Gestaltung des Linearförderers können Störungen durch Falschteile oder verklemmte Schrauben automatisch behoben werden, z.B. durch Auseinanderfahren der Führungsschienen und Ausblasen mit Druckluft.

Da fehlerhafte Schrauben zu Produktionsstörungen führen, wenn diese erst während des Schraubvorganges erkannt werden, muß dafür gesorgt werden, daß nur korrekte Schrauben zur Schraubstelle gelangen.

Dies kann erreicht werden, indem 100 % geprüfte Schrauben bezogen werden, oder indem ungeprüfte Schrauben in der Schraubstation zu 100 % geprüft werden.

Bei geprüften Schrauben muß in der Schraubenzuführung eine Identifikationsprüfung durchgeführt werden, um sicherzustellen, daß die richtigen Schrauben im Sortierautomat sind. Unter Umständen muß der Zugang zum Schraubenvorrat im Sortierautomaten abschließbar sein, um zu gewährleisten, daß keine Fremdteile oder falsche Schrauben in den Sortierautomaten gelangen. Bei Prüfung der Schrauben an der Schraubstation können ungeprüfte Schrauben verwendet werden. Bei grob abweichenden Teilen besteht die Gefahr des Verklemmens besonders im Linearförderer und Vereinzeler. Die Zuführung muß so gestaltet werden, daß Stauungen durch hängende Teile erkannt werden und die Störungen durch Öffnen der Linearförderschienen oder Ausblasen automatisch beseitigt wird. Die bisher angewandte Sensorik zur Schraubenprüfung wie Fotozellenarrays ist je nach Anforderung aufwendig und entsprechend teuer. Bosch entwickelt ein neuartiges Schraubenprüfungsverfahren auf Wirbelstrombasis, das universell einsetzbar und kostengünstig ist.

## 4.7 Datendokumentation und statistische Prozessüberwachung in der Schraubtechnik

Die von der Schraubersteuerung nach jeder Verschraubung gelieferten IST-Werte des Drehmomentes und des Drehwinkels können auf dauerhaften Datenträgern gespeichert werden, insbesondere bei dokumentationspflichtigen

Verschraubungen. Die Datensammlung einer Stichprobe kann statistisch ausgewertet werden. Je nach Schraubverfahren und ausgewertetem Parameter kann die Prozeßfähigkeit der Schraubmaschine, ein Chargensprung bei Werkstück oder Schraube oder ein Justierproblem in der Schraubstation erkannt werden.

Eine Histogrammdarstellung des Drehmomentes bei einem Drehmomentschraubverfahren zeitgt vorrrangig dei Prozeßfähigkeit des Schraubgerätes. Insbesondere ist bei einer Stichprobenauswertung festzustellen, wie hoch die Wahrscheinlichkeit der Fehlerfreiheit der Grundgesamtheit ist. Es ist erkennbar, ob die Streubreite +/− 3S bzw. +/− 4S innerhalb der vorgegebenen Grenzen liegt (Bild 4.23a).

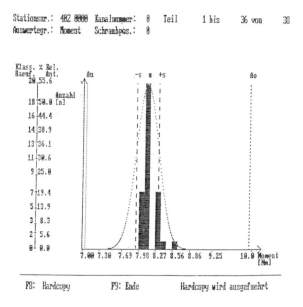

Bild 4.23a: Histogramm

Eine Auswertung von Mittelwert und Streubreite über mehrere Stichproben gibt frühzeitig Auschluß über ein defekt werdendes Schraubgerät oder auch über erfolgte Chargensprünge bei Schraube oder Werkstück, (Bild 4.23b).

Eine speziell auf die Schraubtechnik zugeschnittene Auswertung ist das Verteilungsschaubild über Drehmoment und Drehwinkel. Hier wird graphisch die Lage der Schraubergebnisse in Relation zum Gutfenster dargestellt, (Bild 4.23c).

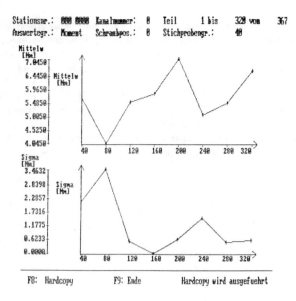

Bild 4.23b: X/S-Verlauf

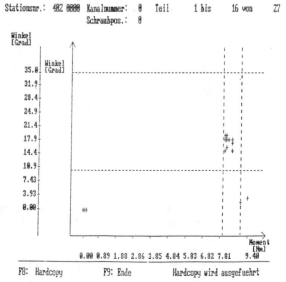

Bild 4.23c: Verteilungsschaubild

Durch die Auswertung dieser Verteilungdarstellung kann nicht nur die Häufigkeit der Fehler sondern auch die Art der aufgetretenen Fehler erkannt werden.

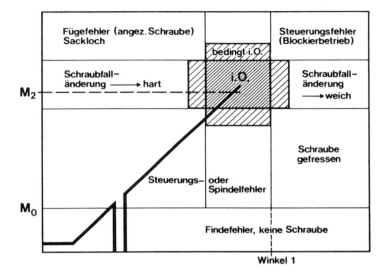

Bild 4.24: Schraubfehler-Matrix

Je nach Art der aufgetretenen Fehler kann ein geeignetes automatisch ablaufendes Nacharbeitsverfahren abgerufen werden. Wird beispielsweise während einer vorgegebenen Zeit weder ein Drehmoment noch ein Drehwinkel erreicht, so ist davon auszugehen, daß keine Schraube oder kein Werkstück vorhanden war oder die Schraube durch ungenügende Positionsgenauigkeit das Muttergewinde nicht gefunden hat. Wird der Drehwinkelbereich überschritten, das vorgegebene Drehmoment aber nicht erreicht, handelt es sich um eine fressende Schraube oder ein defektes Gewinde.

# 5 Automatisierung des Schraubvorganges im Bereich der Feinwerk-Elektrotechnik

B. Lotter

## 5.1 Einleitung

Das Automatisieren von Schraubvorgängen kann, wie die gesamte Montageautomatisierung, nicht als Insellösung innerhalb des Fertigungsprozesses betrachtet werden, sondern steht in enger Verbindung eines gesamten Produktionssystemes. Bild 5.1 zeigt, daß die Produktgestaltung und die Einzelteilefertigung die Auswahl der Automatisierungsmittel und den erzielbaren Automatisierungsgrad automatisierter Montage wesentlich beeinflussen.

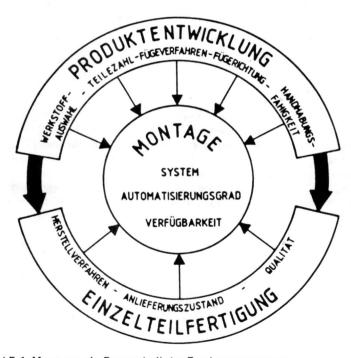

Bild 5.1: Montage, ein Bestandteil des Fertigungsprozesses

Um eine wirtschaftliche Automatisierung von Montagevorgängen, wie z.B. Schraubvorgänge, zu erzielen, muß das Produkt montagegerecht aufgebaut sein. Es ist deshalb notwendig, bevor man sich mit dem eigentlichen Automatisierungsvorgang auseinandersetzt, den Produktaufbau zu überprüfen.

Jedes Produkt hat aufgrund seiner spezifischen Anforderung seine eigene Gesetzmäßigkeit in der Produktgestaltung und den daraus resultierenden Fertigungsmethoden. Die größte Wirkung entfaltet die montagegerechte Gestaltung in der Entwurfsphase eines Produktes. Ein fertig entwickeltes Produkt ist während seines Produktionszeitraumes nur noch mit großen Kosten änderungsfähig.

Die montagegerechte Produktgestaltung ist aber nicht nur ein technisches, sondern auch ein organisatorisches und somit auch ein Personalproblem. Es müssen daher einfache und einleuchtende Vorgehensweisen zur Verfügung stehen, um die im Stückkostendenken erzogenen Konstrukteure bei der montagegerechten Produktgestaltung zu unterstützen.

Eines dieser Hilfsmittel zur montagegerechten Gestaltung eines Produktes ist die montageerweiterte ABC-Analyse (1). Diese leitet sich von der in der Betriebswirtschaft und Wertanalyse allgemein bekannten ABC-Analyse ab. Der Grundgedanke läßt sich in folgender Frage ausdrücken:

WAS KOSTET EIN TEIL BZW. EINE BAUGRUPPE,
BIS DIE GEFORDERTE FUNKTION NACH ERFOLGTER
MONTAGE ERREICHT IST?

In Bild 5.2 sind die sieben Grundsatzfragen "Basis der montageerweiterten ABC-Analyse" aufgezeigt. Diese Grundsatzfragen erzwingen zur Beantwortung detaillierte Konzepte, die im Dialog zwischen Produktentwicklung und Fertigungsplanung zu erarbeiten sind. Keine der sieben Grundsatzfragen kann isoliert bearbeitet werden, sie beeinflussen sich gegenseitig.

Ohne näher die Details der montageerweiterten ABC-Analyse einzugehen, geht aus Bild 5.2 durch die Gliederung der Grundsatzfragen und ihre Einflußfaktoren der gegenseitige Einfluß der einzelnen Grundsatzfragen untereinander hervor. So ist z. B. die Grundsatzfrage Nr. 5 "Fügeverfahren" und die Grunsatzfrage Nr. 6 "Qualität" und der damit bestimmten Einzelteile nicht voneinander zu trennen. Zur Kostenoptimierung eines Produktes und der daraus resultierenden Fertigungsverfahren ist die Auswahl der anzuwendenden Fügeverfahren von großer Bedeutung.

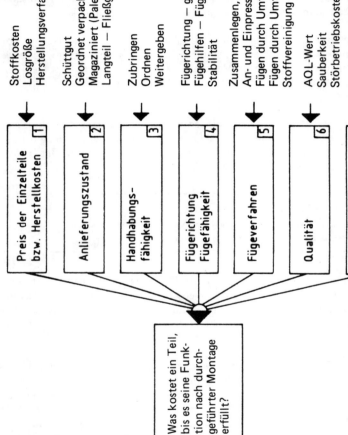

Bild 5.2: Montageerweiterte ABC-Analyse

Fügen wir nach DIN 8593 wie folgt definiert:

> Fügen, oft auch verbinden genannt, ist das zusammenbringen von zwei oder mehr Werkstücken geometrisch bestimmter fester Form oder ebensolchen Werkstücken mit formlosem Stoff. Dabei wird jeweils der Zusammenhalt örtlich geschaffen und im ganzen vermehrt. Demnach werden auch das Zusammenlegen und das Füllen zum Fügen gezählt. Auch das Fügen verschiedener Stellen eines und denselben Körpers, z. B. eines Ringes, gehört dazu. Dagegen wird das Aufbringen von Schichten aus formlosem Stoff auf Werkstücke in die Hauptgruppe "Beschichten" erfaßt.

Bild 5.3 zeigt die Unterteilung der Fügeverfahren nach DIN 8593. Das am meisten verbreitete Fügeverfahren ist die Schraubenverbindung. Bild 5.4 zeigt 10 verschiedene Schraubenverbindungen, um zu dokumentieren, wie vielfältig die Möglichkeiten allein bei diesem Verfahren sind. Es ist nun Aufgabe, mit Hilfe der montageerweiterten ABC-Analyse und in Zusammenarbeit zwischen Produktentwicklung und Produktionsplanung die Fügetechnik auszuwählen, die den Qualitätsansprüchen des Produktes am besten entspricht und fertigung- sowie montagetechnisch wirtschaftlich durchführbar ist.

Die erzielbare Wirtschaftlichkeit der automatisierten Montageanlagen wird im wesentlichen durch die Größenordnung erzielbarer Verfügbarkeit solcher Anlagen bestimmt.

Aus der Literatur sind drei Verfügbarkeitsbegriffe bekannt: Die Erstverfügbarkeit, die Bereitschaftsverfügbarkeit und die stationäre Verfügbarkeit. Die stationäre Verfügbarkeit wird für das Betriebsverhalten von Montageanlagen herangezlgen. Ihre Definition lautet (3) :

> Die stationäre Verfügbarkeit $V_{STA}$ (auch als Intervall-Verfügbarkeit bezeichnet) gibt den Anteil des Einsatzinterballs an, während dem eine Betrachtungseinheit betriebsbereit ist.

Sie errechnet sich wie folgt:

$$V_{STA} = \frac{T_O}{T_O + T_A}$$

$T_O$ = mittlere störungsfreie Laufdauer

$T_A$ = mittlere Ausfalldauer

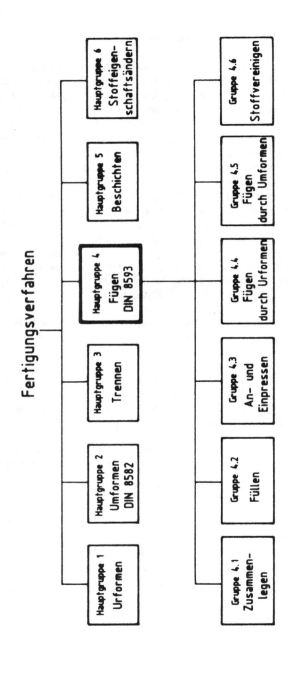

Bild 5.3: Unterteilung der Fügeverfahren (nach DIN 8593)

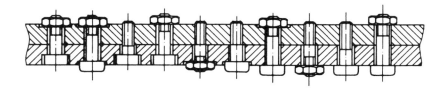

Bild 5.4: Möglichkeiten der Gestaltung von Schraubverbindungen
(IPA Stuttgart)

Für instandsetzungsfähige Betrachtungseinheiten entspricht die mittlere störungsfreie Laufdauer dem arithmetischen Mittelwert der einzelnen Laufdauerabschnitte zwischen zwei Ausfällen einer Anlage. Für die mittlere Ausfalldauer gilt für instandsetzungsfähige Betrachtungseinheiten, daß die mittlere Ausfalldauer den arithmetischen Mittelwert der Ausfalldauerabschnitte darstellt. Die Ausfalldauer ist der Zeitraum zwischen dem Auftreten der Störungen und dem Zeitpunkt, zu dem der Instanhaltungsvorgang beendet ist (4).

Von Einfluß für die erzielbare Verfügbarkeit ist die Zahl der zu handhabenden Einzelteile innerhalb einer automatisierten Montageanlage. Mit steigender Anzahl von Einzelteilen nimmt die erzielbare Verfügbarkeit ab. Es ist deshalb bei der Auswahl von Fügeverfahren dringend notwendig, die Anzahl der Einzelteile so gering als möglich zu gestalten. Bild 5.5 zeigt an einer Fügekombination von zwei Blechteilen fünf mögliche Fügeverfahren, wobei die Abbildung a) und b) dieses Bildes Schraubverbindungen darstellen. Nach Ausführung der Abb. a) sind zwei Hilfsfügeteile, nämlich die Schraube und die Mutter, zum Fügen der beiden Blechteile notwendig, so daß sich die Teilezahl auf 4 beläuft.

Nach Ausführung der Abb. b) reduziert sich die Teilezahl auf 3, da das notwendige Gegengewinde für das Hilfsfügeteil "Schraube" in das eine der beiden Blechteile integriert wurde, so daß das Hilfsgüteteil "Mutter" entfallen kann. Mit der Reduzierung von 4 Teilen auf 3 Teile bei diesem Fügespiel wird die erzielbare Verfügbarkeit einer automatisierten Einrichtung zur Durchführung der Aufgabe wesentlich erhöht.

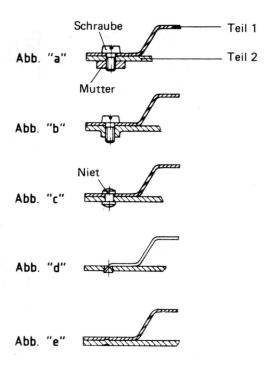

Bild 5.5:   Fügen von 2 Blechteilen mit unterschiedlichen Fügeverfahren

## 5.2 Qualitätsvoraussetzungen der Schraube und deren Einfluß auf die Automatisierung

Die sogenannte automatisierungsgerechte Schraube, festgelegt nach einer Reihe von Grundregeln, gibt es nicht, da jeder Schraubvorgang durch unterschiedliche Anforderungen auf seine Automatisierungsfähigkeit getrennt zu beachten ist.

### 5.2.1 Toleranzen

Mit zunehmender Montageautomatisierung sind Toleranzeinengungen, wie in Bild 5.6 dargestellt, notwendig. Diese gilt auch für die Schraube. Um die

Toleranzen einer Schraube überprüfen und ihre Einengung in Abhängigkeit der Fügesituation und des eingesetzten Betriebsmittels festlegen zu können, ist es wohl sinnvoll, die einzelne Schraube zeichnerisch festzulegen und die Toleranzen und Formänderungen nach den Ansprüchen der Automatisierung festzulegen.

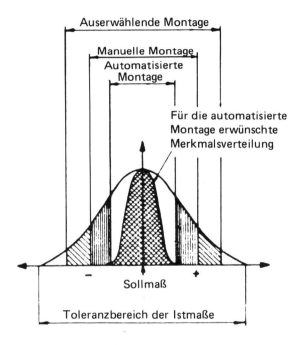

Bild 5.6    Streuung der Ist-Maße von Einzelteilen um den Mittelwert (Tipping)

Bei der automatischen Verarbeitung von Schrauben sind folgende Faktoren zu beachten und müssen in der Zeichnung ihren Niederschlag finden:

a) Schlitz bei Schlitzschrauben
Die Mittigkeit des Schraubenschlitzes ist beim automatischen Schraubvorgang deshalb von Bedeutung, daß Schraubendreherklinge beim Einfahren in den Schlitz nicht einseitig zum Anliegen kommt.

Dies würde ein Verkanten der Schraube im Mundstück des Schraubautomaten bedeuten. Um dies zu vermeiden und um auch das Einführen der Schraubedreherklinge in den Schlitz zu erleichtern, ist das Einengen der Mittentoleranz des Schraubenschlitzes notwendig. Zu empfehlen ist, die Schlitzbreite nach DIN zu vergrößern, damit wird ein leichteres automatisches Einführen der Dreherklinge ermöglicht.

b) Auf Gratfreiheit des Schlitzes ist zu achten
Grat am Schraubenschlitz führt zu Problemen der Ordnung und Zuführung der Schrauben und kann sich nachteilig in der Schraubenpositionierung in Abhängigkeit des Betriebsmittels im Mundstück des Schraubers auswirken.

c) Kopfhöhe und Kopfdurchmesser der Schraube
Toleranzüberschreitungen können zu Schwierigkeiten bei der Ordnung und Zuführung der Schraube führen.

d) Schlitztiefe
Beim Einsatz von Schraubautomaten mit automatischer Kontrolle der Einschraubtiefe ist die Tolerierung der Schlitztiefe von Oberkante Schraubenkopf ohne Bedeutung. Von Wichtigkeit ist die Toleranz der Schlitztiefe von Schraubenkopf-Auflagefläche zu Schlitztiefe, da über dieses Maß die Einschraubtiefe der Schraube bestimmt wird. Eine entsprechende Vermaßung und Tolerierung ist in diesem Fall notwendig.

e) Abweichungen in der Fluchtung zwischen Gewindeschaft und Schraubenkopf können, abhängig von der Schraubermundstück-Ausführung, zum Schrägsitzen der Schraube im Mundstück führen. Der Gewindeschaft führt dann eine kreisende Bewegung aus, was zu Störungen beim Fügen führt. Bild 5.7 zeigt eine solche Situation.

## 5.2.2 Qualtätsniveau

Eine gleichbleibende Qualität der Schrauben ist Voraussetzung für eine rationelle automatisierte Montage. Aus wirtschaftlichen Gründen kann in einer modernen Massenfertigung das Einzelteil nur in Ausnahmefällen 100 %ig kontrolliert werden. Man bedient sich im allgemeinen der statistischen Qualitätskontrolle. Wichtig dabei ist, mit welchem Qualitätsniveau der Zulieferer die Schraube zu Verfügung stellt. Das Qualitätsniveau wird in der Regen nach AQL festgelegt. Der festgelegte AQL-Wert stellt nur einen Grenzwert dar, dessen Überschreitung eine Rückweisung des Lieferloses an den Lieferer bedeuten kann. Die Annahmewahrscheinlichkeit nachAQL ist abhängig von der Lieferlosgröße sehr unterschiedlich. Ein Aussagen über den tatsächlichen Fehleranteil an einem Lieferlos gibt der

AQL-Wert nicht. Ein kleinerer AQL-Wert bedeutet eine höhere Wahrscheinlichkeit für einen geringeren Fehleranteil als ein größerer AQL-Wert. Wenn bei der manuellen Schraubtechnik das Qualitätsniveau der Schrauben nach AQL 1,6 gut genug ist, muß bei der Teilmechanisierung der Schraubvorgänge der AQL-Wert auf 0,65 und bei Vollautomatisierung mit Sicherheit auf 0,4 zurückgenommen werden. Außer den steigenden Anforderungen in der Toleranzeinengung, abhängig vom Automatisierungsgrad, muß dafür gesorgt werden, daß ein Beimischung von Fremdkörpern, wie Abfällen oder fremden Teilen, vermieden wird. FREMDKÖRPER FÜHREN BEIM AUTOMATISCHEN ZUBRINGEN ZU STÖRUNGEN DIE IN DER REGEL EINEN STILLSTAND DER AUTOMATISCHEN SCHRAUBSTATIONEN NACHSICHZIEHEN. VERSCHMUTZTE ODER VERÖLTE TEILE FÜHREN EBENSO BEI DER AUTOMATISCHEN ZUBRINGUNG ZU STÖRUNGEN (2).

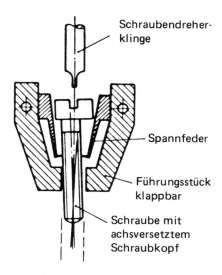

Bild 5.7: Einfluß von Fluchtgenauigkeit zwischen Schraubenkopf und Gewindeschaft beim Positionieren der Schraube im Schraubermundstück.

## 5.2.3 Einfluß auf die Automatisierung, aufgezeigt an den Folgekosten schlechter Schraubqualität

In nachfolgendem Beispiel wird aufgezeigt, welche Folgekosten in der automatisierten Montage durch entsprechende Fehleranteile bei Einzelteilen entstehen können.

Die Qualität einer zu verarbeitenden Schraube bestimmt im wesentlichen die Verfügbarkeit einer automatischen Schraubeinheit. Nach üblicher Norm dürfen Schrauben 1 % fehlerhaft sein. Bei einer angenommenen Leistung einer automatischen Schraubeinheit von 1000 Fügevorgängen pro Stunde bedeutet dies 10 mögliche Störungen pro Stunde, verursacht durch fehlerhafte Schrauben. Die Verfügbarkeit der automatischen Schraubeinheit wird weiter von der Qualität des notwendigen Gegengewindes und von der exakten Positionierung der miteinander zu fügenden Teile beeinflußt. Wie die Schraubenqualität die Verfügbarkeit einer automatischen Schraubeinheit beeinflußt, wird in folgender Platzkostenrechnung für einen einschichtig betriebenen Schraubautomaten aufgezeigt:

Platzkostenrechnung bei 20.000.-- Beschaffungskosten:

1. Abschreibung: DM 20.000.--, verteilt auf 5 Jahre     DM/J    4.000.--

2. Verzinsung: $\dfrac{DM\ 20.000.--}{2} \times 0{,}08/\text{Jahr}$     DM/J    800.--

3. Raumkosten: 7 qm × 120 DM/qm × Jahr     DM/J    840.--

4. Energiekosten: 0,5 kW × 1840 Stunden/Jahr × DM -.12/kW     DM/J    110.--

5. Instandhaltung, Wartung, Ersatzteile: 10 % pro Jahr vom Anschaffungswert DM 20.000.--     DM/J    2.000.--

6. Lohnkosten: 1 Bedienungsperson (Frau): Lohn DM 11.50/Stunde × 1840 Stunden/Jahr     DM/J    21.160.--

7. Lohngemeinkosten: 120 % von DM 21.160.--     DM/J    25.392.--

Jahresbetriebskosten:     DM/J    54.302.--

Bei einer angenommenen Arbeitszeit von 230 Tagen pro Jahr und 8 Stunden pro Tag = 1840 Stunden kostet die Betriebstunde dieses Arbeitsplatzes:

DM 54.302.- -/ Jahr:1840 Stunden/Jahr = 29,52 DM/Std.

Bei einer möchlichen Stundenleistung von 1000 Fügevorgängen und einem Fehleranteil von null Prozent der Schrauben ergibt dies eine Einzeltaktzeit von 3,6 Sekunden. Bei einem Stundensatz von DM 29,52 kostet damit eine Fügeoperation DM 0,02952.

Bei einem Anteil von 1 % schlechter Schrauben und einer Soll — Leistung von 1000 Stück pro Stunde sind 10 Störungen pro Stunde zu erwarten. Unter Annahme, daß eine fehlerhafte Schraube im Durchschnitt eine Störung verursacht, zu deren Behebund 1 Minute notwendig ist, bedeuten 10 schlechte Schrauben nur noch eine Nutzungszeit von 50 Minuten oder 3000 Sekunden pro Stunde. Durch diesen Anteil von Störungen errechnet sich folgende Stundenleistung:

$$\frac{3000 \text{ effektiv zur Verfügung stehende Sekunden}}{3,6 \text{ s Einzeltaktzeit}} = 833 \text{ Fügepoerationen pro Stunde}$$

Bei einem Stundensatz von DM 29,52 und einer Stundenleistung von 833 Stück ergeben sich Fügekosten einer Schraube von DM 0,0354.

Die entstehenden Störbetriebskosten durch schlechte Schraubenqualität betragen umgerechnet pro Schraube

```
            DM 0,03540
          - DM 0,02952
            ──────────
            DM 0,00588

= ca.       DM 0,006 pro Schraube
============================================
```

Bei der errechneten Leistung von 833 Schrauben netto pro Stunde und Zusatzkosten für Störbetriebsverhalten von DM 0,006 pro Schraube ergibt dies Jahresstörbetriebskosten von

833 Stück/Std. x 0,006 DM/Stück x 8 Stunden/Tag x 230 Tage = 9.196.- - DM/Jahr

Bei einer angenommenen Soll-Leistung von 1000 Schrauben pro Stunde und einer Arbeitszeit von 1840 Stunden pro Jahr errechnet sich ein Brutto-Schraubenverbrauch von 1 840 Stück per Jahr. Die Bezugkosten einer Schraaue in der Größe M 3 x 9 nach DIN 84—4.8 liegen bei ca. DM 4.--/1000 Stück. Bei einem Jahresbedarf von 1 840 000 Schrauben errechnet sich ein Jahresbeschaffungswert von DM 7.360.--.

Demgegenüber stehen Jahreskosten für Störungen durch schlechte Qualität von DM 9.196.--

Stellt man nun die diskutierte Kernfrage der montageerweiterten ABC-Analyse:

> "Was kostet ein Teil bzw. eine Baugruppe,
> bis die geforderte Funktion nach erfolgter
> Montage erreicht ist?"

so ergibt sich in diesem Fall:

| | | |
|---|---|---|
| Beschaffungskosten der Schraube | DM 0,00400 | (= 10%) |
| Fügekosten | DM 0,02952 | (= 75%) |
| Störbetriebskosten (bedingt durch Fehleranteil) | DM 0,00588 | (= 15%) |
| Kosten der Schraube nach Erreichung ihres Funktionszweckes | DM 0,03940 | (= 100%) |

Das Beispiel zeigt, daß die Beschaffungskosten der Schraube nur 10 Prozent der Gesamtfunktionskosten betragen und daß die Entstörkosten um 50 Prozent höher sind als die Kosten für die Schraube selbst(2).

### 5.3 Lösungssätze für automatische Schrauben

Die Höhe des einsetzbaren Automatisierungsgrades und die erzielbare Verfügbarkeit ist nicht nur von der Schraubenqualität abhängig, sondern wird von der Qualität der miteinander zu fügenden Einzelteile bestimmt. Von Bedeutung dabei ist die Fluchtgenauigkeit mitenander zu fügenden Teile. Bild 5.8 zeigt, was unter dieser Fluchtgenauigkeit zu verstehen ist. Die auszuwählende Schraubenform ist abhängig von der Fügesituation und der verlangten Stückleistung pro Zeiteinheit. So eignen sich Kreuzschlitzschrauben für hohe Stückleistungen pro Zeiteinheit dadurch besser, da die Schraubendreherklinge gegenüber der Schlitzschraube doppelt so schnell in die Schraube eingführt werden kann. Die Kreuzschlitzschraube hat durch die konischen Kreuzschlitze und durch die konische Form der Schraubendreherklinge den Vorteil, daß die eingesetzte Schraubendreherklinge fluchtrichtend stabilisierend wirkt.

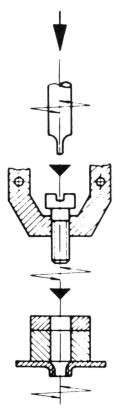

Bild 5.8: Fluchtgenauigkeit beim Schraubvorgang

Bild 5.9 zeigt die Gegenüberstellung von Kreuzschlitzschraube zu Schlitzschraube mit den dazugehörigen Schraubendreherklingen.

Zur Erhöhung der Verfügbarkeit sind Fügehilfen an den miteinander zu fügenden Teilen von Bedeutung. So ist es wichtig, daß eine Schraube, die automatisch verarbeitet werden soll, am Schaftende mit einer Facette, nach Möglichkeit mit einer Spitze ausgerüstet ist. Von Vorteil ist es auch, daß das Gegengewinde mit einer Endlaufschräge versehen ist.

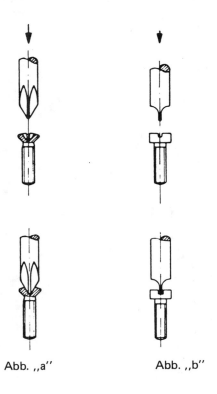

Abb. „a"     Abb. „b"

Bild 5.9:   Kreuzschlitz zu Schlitzschraube

Zur Herstellung der notwendigen Fluchtgenauigkeit bei Schraubervorgängen ist das Zentrieren der Teile über ihre Bohrungen sinnvoller als eine Zentrierung über die Außenkonturen der Einzelteile. Bei Außenaufnahmen gehen sämtliche Ungenauigkeiten des Mittenversatzes in die Fluchtgenauigkeit der miteinander zu fügenden Teil. Anhand des folgenden Beispieles wird dies näher erläutert (2): Bild 5.10 zeigt das Montagebeispiel. Vier Teile sind zu handhaben, um zwei Teile miteinander kraftschlüssig zu fügen. Die Baugruppe besteht aus dem Teil 1, einer Mutter, aus dem Teil 2, Trägerteil, dem Teil 3, ein Anschlußblech und Teil  4, eine Schraube. Der Vorgang wird auf einem Rundtaktautomaten automatisch durchgeführt.

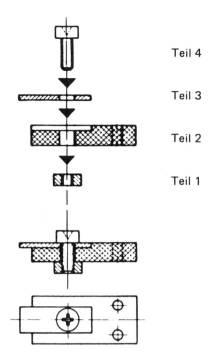

Bild 5.10: Montagebeispiel

Die Teile sind im Werkstückträger so zu positionieren, daß das Innengewinde der Vierkantmutter (1) zur Bohrung vom Trägerteil (2) und zur Bohrung vom Anschlußblech (3) fluchtet, um die Schraube (4) fügen und auf Drehmoment einschrauben zu können.

Bild 5.11 zeigt eine Möglichkeit der Gestaltung des Werkstückträgers. Aus der Fügerangfolge heraus muß die Vierkantmutter (1) als erstes Teil zugeführt und im Innengewinde positioniert werden.

Die Außenform dieser Vierkantmutter ist so aufzunehmen, daß die Fluchtgenauigkeit zwischen Außen-, Vierkant- und Gewindebohrung keine Rolle spielt, jedoch das notwendige Drehmoment beim Beschraubungsvorgang aufgenommen werden kann. Die Vierkantmutter liegt zur Aufnahme des Drehmoments an einer der beiden Flächen (a) des Werkstückträgers an.

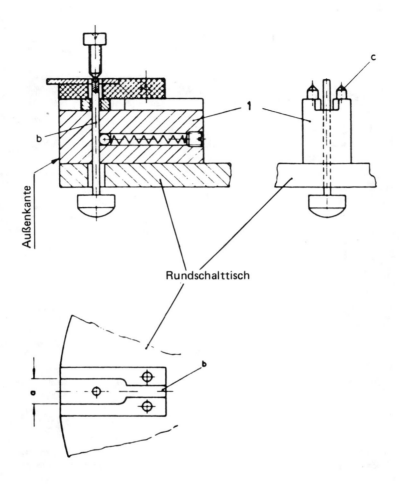

Bild 5.11: Werkstückträger-Montagevorrichtung zu Montagebeispiel Bild 5.10

Zur Aufnahme der Vierkantmutter (1) im Innengewinde ist der Werkstückträger mit einem Zentrierstift, welcher in seiner Höhenposition über Friktion gehalten und steuerbar ist, ausgerüstet. Das Trägerteil (2) hat außer der Bohrung für die Schraube zwei weitere Bohrungen und diese können zusätzlich zur Aufnahme und Zentrierung im Werkstückträger benützt werden. Hierzu ist der Werkstückträger mit den beiden Stiften (c) ausgerüstet. Das Anschlußblech (3) wird in das Trägerteil (2) gefügt und von drei Seiten vom Trägerteil umschlossen. Beim Weiterschalten des Rundschalttisches könnte sich durch Auftreten von Fliehkräften die Positionierung des Anschlußbleches verändern und wird deshalb in der Bohrung durch den Zentrierstift (b) lagerecht gehalten und zu den Bohrungen vom Trägerteil und Vierkantmutter zentriert. Um die Fügeposition über den Zentrierstift zu erleichtern, kann die Höhenposition des Zentrierstiftes im Werkstückträger durch die Rundschaltordnung unterschiedlich sein. Durch ein feststehendes Kurvenlineal unterhalb der Rundtakteinrichtung wird durch den Schaltvorgang von Station zu Station der Zentrierstift in seiner Höhenposition so verändert, daß er sich der jeweiligen Fügesituation anpaßt. In Bild 5.12 ist diese Situation dargestellt.

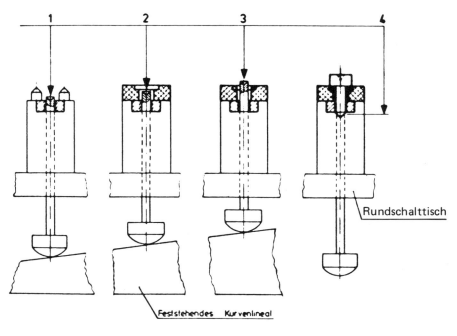

Bild 5.12:   Fügefolge Beispiel Bild 5.10

Zur Erhöhung der Verfügbarkeit und Absicherung einer einwandfreien Schraubverbindung wird die Schraube so verändert, daß das Schaftende als Spitze ausgebildet ist.

Wie aus Bild 5.12 hervorgeht, ist der Zentrierstift an seiner Stirnseite mit einer konischen Einsenkung versehen. Die Schraube wird mit ihrer Spitze auf die konische Einsenkung des Zentrierstiftes aufgesetzt und bewirkt dabei die Fluchtgenauigkeit der Schraube zu den über dem Zentrierstift positionierten und zu fügenden Teilen. Mit dem Aufsetzen der Schraube und Einführen durch die Bohrungen der Teile 3 und 2 wird der Zentrierstift im Werkstückträger zurückgeschoben und erreicht durch das Eindrehen der Schraube in die Vierkantmutter (1) wieder seine Ausgangsposition. Wird der gleiche Vorgang an einer Einstationenmaschine durchgeführt, z.B. beim manuellen Beschicken der Einzelteile (bis auf die Schraube), kann der Zentrierstift, z. B. durch einen kleinen Pressluftzylinder, in seine höchste Position zum Fügen der Teile zurückgebracht werden.

Bild 5.13 zeigt die unterschiedliche Gestaltung von Zentrierstiften zum Aufsetzen der Schraube, wobei die Lösung nach Abbildung "b" der Lösung Abb. "a" vorzuziehen ist.

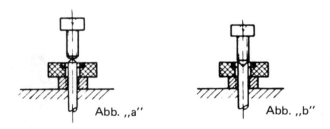

Bild 5.13: Gestaltung von Zentrierstiften

Eine weitere Voraussetzung, Schraubvorgänge automatisch durchzuführen, ist, daß genügender Fügefreiraum vorhanden ist, um die Schraube aus dem Schraubermundstück des Schraubautomaten in Fügeposition zu bringen. Als Beispiel zeigt Bild 5.14, was konstruktiv am Basisteil (Abb. "a") zu ändern ist, um den Fügefreiraum zu schaffen, der einen Einschraubvorgang mit einem automatischen Schrauber ermöglicht.

Abbildung "a" zeigt die schlechte Einschraubsituation. In dieser Situation liegt die Schraube in der Ecke des Basisteiles an zwei Flächen an. Der erforderliche Platz, um die Schraube mit einem automatischen Schrauber zuzuführen, ist nicht vorhanden. Abbildung "b" zeigt das Basisteil so geändert, daß der Kopf des automatischen Schraubers mit seiner Schrauberführung die Schraube in vertikaler, linearer Bewegung direkt fügen kann.

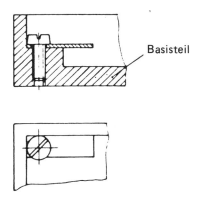

a) Basisteil bei manuellem Einschraubvorgang

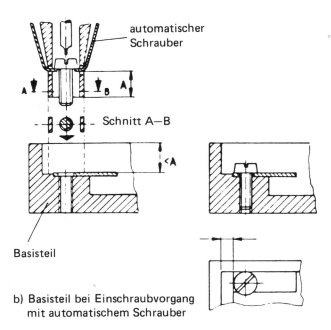

b) Basisteil bei Einschraubvorgang mit automatischem Schrauber

Bild 5.14: Freiraum zum Fügen einer Schraube

## 5.4 Einsatz von Schraubern in der Montage

### 5.4.1 Einleitung

Bei der Gestaltung eines Produktes legt die Produktentwicklung den Schraubendurchmesser und damit das Anziehmoment sowie die Schraubenform fest. Prüfbar wird das gewünschte Anziehmoment durch Festlegung eines Weiterdrehmomentes oder eines Losdrehmomentes. Dieses wird erreicht, wenn der Schraubenkopf beim Eindrehen zum Anliegen kommt. Das Anlegemoment und nachfolgend auch das gewünschte Anziehmoment kann nur erreicht werden, wenn die Schraube ohne Widerstände bis zum Anliegen eingedreht werden kann. Durch ungünstige Einflüsse, wie z. B. ein schlechtes Schraubengewinde oder ein schlechtes Gegengewinde, können Drehmomente entstehen, die dem Anlege- oder Anziehmoment entsprechen. Dann liegt der Schraubenkopf nicht auf, so daß keine kraftschlüssige Verbindung entstehen kann. Es sollte deshalb nicht nur das Anziehmoment, sondern auch die Einschraubtiefe überwacht werden.

Eine Schraubeneinheit hat mindestens folgende Funktionen zu erfüllen:

- Bunkern der ungeordneten Schrauben
- Ordnen der Schrauben
- Magazinieren der geordneten Schrauben
- Zuteilen der Schrauben
- Positionieren einer Schraube in den Fügepositionen
- Schraube eindrehen
- Anziehmoment stufenlos einstellbar

Um die Qualität des Schraubvorganges zu kontrollieren, ist außer der Prüfung des Anziehmomentes auch die Integration einer Messung der Einschraubtiefe von Bedeutung.

Im Bereich der Feinwerktechnik/Elektromechanik werden Schraubautomaten entweder pneumatisch oder elektromotorisch angetrieben. Bei der Schraubenzuführung dieser Geräte unterscheidet man nach Fallrohr- und Förderschienenausführung.

## 5.4.2 Schraubautomaten in Fallrohrausführung

Der Einsatz von Schraubautomaten mit Fallrohrzuführung der Schrauben ist auf Anwendungsfälle beschränkt, bei denen das Verhältnis zwischen Kopfdurchmesser und Schaftlänge der Kopfschrauben mitdestens 1:1,5 beträgt. Schrauben mit kürzerer Schaftlänge neigen erfahrungsgemäß zum Verkanten oder Überschlagen im Fallrohr. Bild 5.15 zeigt ein Schraubermundstück mit Zuführung der Schrauben über ein Fallrohr. Dieses ist entweder teleskopartig unterteilt, um die Hubbewegung der Spindel nachvollziehen zu können, oder es ist in Schlauchform ausgeführt. Die Schrauben werden über einen Vibrationswendelförderer lagegerecht sortiert, über eine Auslaufschiene vereinzelt und mittels Schwerkraft durch das Fallrohr dem Schraubermundstück zugeführt. Der Fallvorgang wird zum schnelleren und sicheren Einführen der Schrauben in das Mundstück häufig durch Druckluft unterstützt.

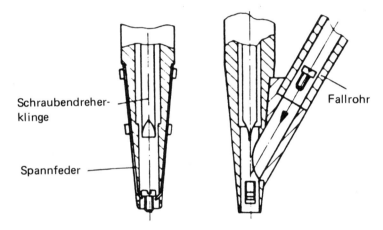

Bild 5.15: Schraubermundstück mit Zuführung der Schrauben über Fallrohr

Eine weitere Ausführungsform geht aus Bild 5.16 hervor. Die vereinzelten Schrauben werden bei dieser Lösung über ein ein- und ausschwenkbares Fallrohr in das Mundstück zugeführt. Ist die Schrauberspindel in die oberste Stellung zurückgefahren, schwenkt das Fallrohr in das Mundstück ein. Eine Schraube wird vereinzelt und über Schwerkraft mit Luftunterstützung zugeführt. Mit der Hubbewegung der Schrauberspindel schwenkt das Fallrohr aus der Spindel aus, und der Schraubvorgang wird durchgeführt.

Die Mundstücke solcher Einheiten müssen der Schraubengröße und dem Schraubvorgang entsprechend ausgebildet sein.

Bild 5.17 zeigt beispielhaft drei unterschiedliche Ausführungen von Mundstücken sowie unterschiedliche Schraubendreherklingen-Ausführungen. Die Mundstückausführung nach Abbildung "a" und "b" eignet sich für Schrauben, deren Schaftlänge mindestens 4mal größer als der Schaftdurchmesser ist, und besteht aus zwei Teilen einer konischen Spreizzange, die in ihrem Innenkonus an die zu verarbeitende Schraubendimension, abhängig von Kopf- und Schaftdurchmesser und Länge des Schaftes, angepaßt ist. Zentriert wird diese Spreizzange mit dem zweiten Teil des Mundstückes, einer Hülse an der Schrauberspindel. Die zugeführte Schraube wird mit der Schraubendreherklinge durch die Spreizzange durchgedrückt. Die Ausführung "c" wird für Schrauben eingesetzt, bei denen das Verhältnis von Schaftdurchmesser zu Schaftlänge kleiner ist als bei den Schrauben, die mit Mundstück "a" eingedreht werden können.

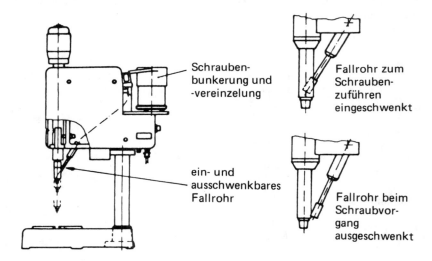

Bild 5.16: Automatischer Schrauber mit Schraubenzuführung über ein- ausschwenkbares Fallrohr

(WEBER)

Diese Mundstücke haben zwei auf Achsen in Klappenform gelagerte Zangenhebel. Im geschlossenen Zustand bilden diese eine Bohrung, die dem Schaftdurchmesser der Schrauben entspricht. Die Schraube kommt beim Zuführen mit dem Schraubenkopf auf der Oberkante der durch die geschlossenen Zangen erzeugten Bohrung zum Anliegen. Mit der Schraubendreherklinge werden mit Eindrehen der Schraube die klappenartigen Zangen durch den Vorschub der Schraubendreherklinge geöffnet und der Schraubenkopf wird durchgeschoben. Die unterschiedlichen Schraubendreherklingen sind abgestimmt auf die zu verarbeitenden Schraubenausführungen, wie z. B. Innensechskant, Kreuzschlitz- oder Schlitzschrauben. Schraubeneinheiten mit ein- und ausschwenkbarem Fallrohr eignen sich zum schnelleren Umrüsten der Mundstücke, da die Zuführung der Schrauben durch das schwenkbare Fallrohr nicht mit der Schrauberspindel verbunden ist.

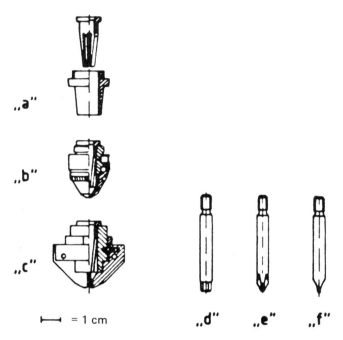

Bild 5.17: Ausführunsbeispiel von Schraubenmundstücken und Schraubendreherklingen, passend zum Schrauber nach Bild 17

    a) Mundstück für Schrauben mit langem Schaft
       ($0 \times L = \min 1:4$)
    b, c) Mundstück für Schrauben mit kurzem Schaft
    d) Schraubendreherklinge für Innensechskant
    e) für Kreuzschlitz und f) für Schlitzschraubenausführung   (WEBER)

Bild 5.18 zeigt schematisch eine weitere Ausführungsart mit Zuführung der Schrauben über Fallrohr. Das Mundstück ist an der Vorschubspindel montiert. Die Vorschubspindel macht am Ende ihres Hubes (Pos. 1) bei der Rückbewegung der Spindel eine schraubenförmige Drehbewegung. Damit gelangt das Mundstück in der Position 2 zur Deckung mit dem starr angeordneten Fallrohr. Beim Vereinzeln einer Schraube wird diese über Schwerkraft in das Mundstück eingeführt. Wird ein Schraubvorgang ausgelöst, fährt die Schrauberspindel durch die schraubenförmige Drehbewegung in Position 1, fluchtend zur Schraubendreherklinge. Diese wird in das Mundstück eingefahren und der Schraubvorgang ausgelöst.

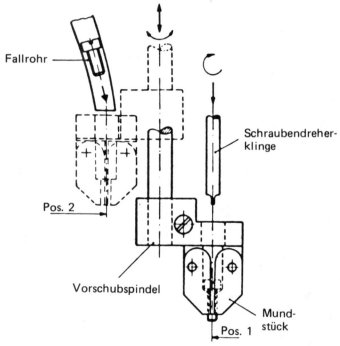

Bild 5.18: Schwenkmundstück mit Fallrohrschraubenzuführung (SORTIMAT)

### 5.4.3 Schraubautomaten mit Förderschienzuführung

Schraubautomaten mit Förderschienenzuführung sind für alle Schraubenformen mit Kopf einsetzbar, eignen sich also nicht zum Verschrauben von Stiftschrauben. Die Schrauben werden über einen Vibrationswendelförderer lagegerecht sortiert und über eine elektromagnetisch betriebene Auslaufschiene am Kopf hängend zur Schrauberspindel geführt. Vorteil bei dieser Lösung ist, daß in der Förderschiene bei Zuführungsschwierigkeiten jederzeit ein Eingriff möglich ist.

Bild 5.19 zeigt schematisch den Mundstückaufbau und die Zuführung der Schrauben über Förderschiene. Das Mundstück (a) ist in Zangenform ausgeführt: auf einer Seite geschlossen, auf der anderen Seite geöffnet. Die Schrauben werden über eine Förderschiene (c) zugeführt.

Eine Vereinzelungsvorrichtung gibt jeweils eine Schraube frei. Eine kurvengesteuerte Schwenkbewegung betätigt einen Vereinzelungsschieber (b). Mit diesem wird jeweils eine Schraube zwangsweise in das Mundstück eingeschoben. Nach dem Zurückziehen des Vereinzelungsschiebers fährt die Spindel des Schraubautomaten in Schraubposition und der Schraubvorgang wird durchgeführt.

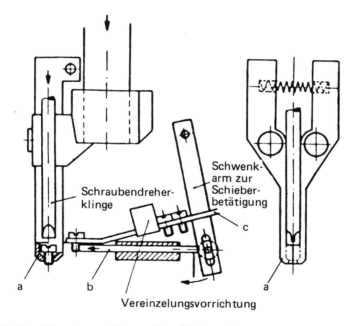

Bild 5.19: Schraubenzuführung über Förderschiene
a = Mundstück in Zangenform
b = Vereinzelungsschieber
c = Förderschiene
(SORTIMAT)

Bild 5.20 zeigt eine zweite Lösungsmöglichkeit bei der Zuführung von Schrauben in Förderschienen. Bei dieser Lösung ist das Mundstück der Schraubeneinheit als Greifzange ausgebildet; aus Bild 5.21 geht der Arbeitsablauf hervor.
Die Bewegung der Schraube von der Zuführschiene bis zum Werkstück wird über das als Greifzange ausgebildete Mundstück geführt.

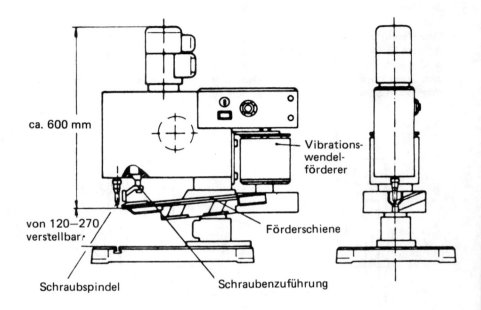

Bild 5.20: Automatischer Schrauber mit Förderschienenzuführung der Schrauben (OKU)

a) Am Schaft gefaßt und einzeln abgenommen

b) Geführt bis zum sicheren Ansatz des Gewindes im Werkstück

c) Noch während des Einschraubvorganges wieder in Bereitschaft

Bild 5.21: Arbeitsablauf des Greifermundstückes des Schraubers nach Bild 20

# 6 Schraubstationen in der Montage im Bereich Feinwerktechnik und Leichtbau

R. Bödecker

Das Thema der nachfolgenden Abhandlung soll die Schraubtechnik bei Serien- und Massenfertigung im Bereich Feinwerktechnik und Leichtbau, d.h. bis zu Schraubendurchmessern von ca. 6 mm, in Ausnahmefällen auch darüber, behandeln.

Es soll versucht werden einen kleinen Leitfaden bei der Planung von Schraubstationen zu geben, der über das Planungsziel, die technische Ausführung und einer Richtwertermittlung bereits im Vorfeld der eigentlichen Planung erlaubt, Wunschvorstellungen auf Ihre Realisierungsmöglichkeiten hin abzuklopfen, um so zielgerecht zu einer optimalen Lösung zu kommen.

## 6.1 Planungsziele

Als Zielvorstellung bei der Planung von stationären Schraubstationen gibt es im wesentlichen 4 Gründe, die einzeln oder gemeinsam auslösende Faktoren sind.

### 6.1.1 Rationalisierung

Der häufigste Grund ist ohne Zweifel die Rationalisierung, um bestehende Schraub- und Montagezeiten zu verkürzen.

Zunächst ist es einmal bestechend in der gleichen Zeit, in der man mit einem handgeführten Schrauber *eine* Schraube eindreht 4, 6 oder 8 Schrauben zu verarbeiten. Wenn es darüber hinaus noch gelingt, die bei der Handverschraubung erforderliche Zeit für das Handling der Schrauben durch eine automatische Schraubenzuführung entscheidend zu verkürzen, oder als Nebenzeit überhaupt nicht erscheinen zu lassen, so kann dies das Ergebnis nur verbessern.

### 6.1.2 Qualitätssicherung

Ein nahezu der Rationalisierung gleichwertiger, in manchen Fällen sogar übergeordneter Gesichtspunkt beim Übergang von handgeführter Verschraubung zur stationären Ein- oder Mehrspindelverschraubung, ist die Qualitätssicherung.

Automatische Prüfvorgänge von Schraubenzuführung, Schrauberanlauf, Schrauberabschaltung, erreichter Schraubtiefe bis hin zur laufenden elektronischen Messung von Drehmomenten, steigern die Qualität der Verschraubung, da hierbei sämtliche menschlichen Unzulänglichkeiten zwangsweise ausgeschaltet werden.

*6.1.3 Humanisierung*

Die Gründe für die Humanisierung schraubintensiver Arbeitsgänge können mannigfach sein, z.b. Automatisierung monotoner Arbeitsvorgänge, Unzumutbarkeit des Handlings scharfkantiger Schrauben, Unzulänglichkeit von Schraubstellen bei manuellem Fügen der Schrauben, Zwangshaltung bedingt durch die Lage der Schraubachsen, unzumutbare Dauerbelastung durch Rückdrehmomente bei weichen Schraubfällen und Drehmomenten über 5 Nm und einige andere Gründe mehr.

*6.1.4 Flexibilisierung*

Die ohne Frage flexibelste Methode in der Schraubtechnik ist, wenn man von Handschraubzieher absieht, die handgeführte Verschraubung mit einem Drehschrauber. Dieser Methode stehen aber die vorher genannten Gründe für den Einsatz von stationären Schraubstationen entgegen, so daß ein Kompromiß gefunden werden muß zwischen den Forderungen der Rationalisierung, Qualitätssicherung und Humanisierung mit dem gleichzeitig verständlichen Wunsch der Flexibilisierung der Schraubtechnik zur Anpassung an wechselnde Werkstücke und periodisch wiederkehrende Modellwechsel.

Die Forderung nach der Flexibilisierung läßt in vielen Fällen spontan den Wunsch nach "dem Universal-Roboter mit einem Drehschrauber" in der Hand laut werden. Die Zahl der in der Praxis auf diese Weise gelösten Falle ist aus Wirtschaftlichkeitsgründen sehr bescheiden geblieben und hat sich im wesentlichen im Rahmen von Pilotprojekten abgespielt, sofern wir ins bei der Betrachtung auf das hier gestellte Thema der Schraubstationen in der Feinwerktechnik und dem Leichtbau beschränken.

Zwischen der sehr leistungsfähigen Einzweckmaschine und dem hochflexiblen Roboter, gibt es jedoch durchaus interessante Zwischenstufen, die gangbare Kompromisse darstellen wie z.B. achsenverstellbare Mehrfachschrauber für 2 oder 3 Schraubbilder bzw. der Aufbau von Mehrspindelschraubern aus kompletten Einzelschraubspindeln, die an flexiblen Fertigprofilen im vorgegebenen

Rahmen auf nahezu beliebige Schraubbilder umgerüstet werden können, ohne daß dazu eine grundsätzliche Hardwareänderung erforderlich wird.

## 6.2 Schraubstationen — Technische Ausführung

*Vorbemerkung:*
Anläßlich einer Fachtagung über rechnerintegrierte Produktionssysteme Ende Oktober 1987 an der Friedrich-Alexander-Universität in Erlangen, bei der die Liste der Vortragenden sich sowohl aus Universitätsdozenten und Praktikern der Wirtschaft zusammensetzte, sagte eben einer dieser Praktiker, "die Universität interessieren Probleme nur solange, bis sie im Grundsätzlichen einmal gelöst sind, während für die Wirtschaft Problemlösungen erst dann interessant werden, wenn sie sich einhundertmal in der Praxis bewährt haben". Wie in vielen Fällen ist auch dies eine zum besseren Verständnis überspitzte Formulierung, die in ihrem Kern jedoch nur unterstrichen werden muß.

Auch auf dieser Tagung haben wir gehört, welche Forderungen man an Schraubstationen und Schraubspindeln stellen kann und wie sie durchaus im Bereich der technischen Möglichkeiten erfüllt werden können, so z.B. über die scheinbar ganz "alltägliche Lösung" einer elektronischen Drehmoment- und Drehwinkelüberwachung, einer Drehmomentsteuerung mit Drehwinkelüberwachung, einer Drehwinkelsteuerung mit Drehmomentüberwachung und einem streckgrenzgesteuerten Anzugsverfahren. Alles Methoden, die ganz selbstverständlich in all den Schraubfällen ihre Berechtigung haben, in denen es um sogenannte dokumentationspflichtige Verschraubungen als Folge eines notwendigen Qualitätsnachweises z.B. für die Produktenhaftung geht.

Im Bereich der Feinwerktechnik und des Leichtbaus über den wir hier reden, sind diese Forderungen sicherlich die Ausnahme und wirtschaftlich nicht oder zumindestens heute noch nicht relevant.

Nachdem ich Ihnen eingangs hier schon einen praxisnahen Leitfaden für Ihre Planungsüberlegung versprochen habe, möchte ich mich auch in diesem Teil daran halten und mich auf die drehmomentgesteuerte Verschraubung beschränken.

Im Interesse einer möglichst konkreten Fassung mit Ermittlung von Richtwerten und größtmöglicher Praxisnähe, handelt es sich nachfolgend um firmenbezogene Lösungen. Dieser Weg besitzt trotzdem Allgemein-Gültigkeit, da die technischen Konzepte und die Preisbildung sich im täglichen Wettbewerb bei den Standardlösungen soweit angeglichen haben, daß sie in Grenzen durchaus vergleichbar sind.

## 6.2.1 Die Schraubspindel

Basis aller nachfolgenden Ausführungen sind Schraubstationen, die als Kernstück grundsätzlich auf der DEPRAG-MINIMAT-und MICROMAT-Einbau- Schraubspindel aufbauen.

In 3 Baugrößen wird damit ein Drehmomentbereich zwischen 0, 02 – 24 Nm abgedeckt, der in Sonderfällen mit zusätzlichen Vorsatzgetrieben bis auf 130 Nm ausgeweitet werden kann.

Die Besonderheit dieser durch einen Druckluftmotor angetriebenen Schraubspindel besteht in ihrer Trenn- und Abschaltkupplung, die über eine mechanische Modifikation ihrer Abschaltkinematik erreicht, daß der Aschaltvorgang jeweils erst nach Überschreiten des maximalen Drehmomentes erfolgt. Auf diese Weise werden die kinetischen Einflüsse aller routierenden Teile mit ihren Massenträgheitsmomenten ausgeschaltet. Dies hat zur Folge, daß das aufgebrachte Drehmoment unabhängig vom Schraubfall, sei er hart oder weich, innerhalb sehr enger Grenzen von ± 3 % konstant ist und dem vorher eingestellten Wert entspricht. Die einmal eingestellten Werte bleiben über mehrere 100. 000 Schaltungen im vorhergenannten Rahmen konstant, so daß in nahezu allen praktischen Fällen eine Funktionskontrolle des Abschaltschraubers völlig ausreicht und auf eine zusätzliche elektronische Drehmomentkontrolle verzichtet werden kann.

Wenn man auf diese zusätzliche laufende Kontrolle aus speziellen Gründen nicht verzichten kann, muß man entweder Schraubspindeln mit integrierten Meßwertaufnehmern oder zusätzlichen Vorsatzmeßwertaufnehmer einsetzen.

## 6.2.2 Schraubstationen — Varianten

### 6.2.2.1 1-Spindel-Schraubstationen

#### 6.2.2.1.1 1-Spindelschraubeinheiten ohne Schraubenzuführung, Schraubachse vertikal

— Einsatz für:
Stationäre Verschraubung einzelner Schrauben, mit der Möglichkeit diese von Hand am Werkstück oder an der Schrauberklinge bzw. dem Steckschlüssel vorzufügen.

### Abschaltschrauber konventionell:
Unterschiedliches Drehmoment
hart-weich

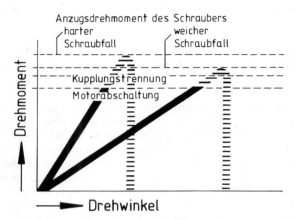

Bild 6.1: Drehmomentverhalten eines konventionellen Abschaltschraubers mit Abschaltung bei maximalem Drehmoment und unterschiedlichen Schraubfällen

### DEPRAG-MINIMAT®-ULTRA-Schrauber:
Gleiches Drehmoment
hart-weich

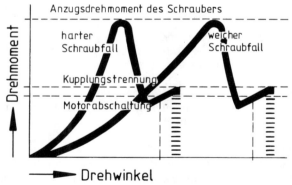

Bild 6.2: Drehmomentverhalten eines DEPRAG-MINIMAT-ULTRA-Schraubers mit Abschaltung nach Überschreiten des max. Anzugsmomentes bei unterschiedlichen Schraubfällen

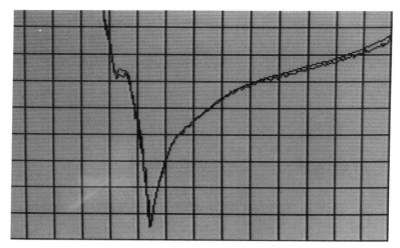

Bild 6.3: Drehmomentverlaufskurve eines DEPRAG-MINIMAT-ULTRA-Schraubers, gemessen durch Meßwertaufnehmer unter der Schraube und parallel dazu mit eingebautem Meßwertaufnehmer im Schrauber

Bild 6.4: Aufbau der Versuchslaboreinrichtung zu Bild 6.3

— Kontrollmöglichkeiten:
Schrauberstart
Schrauberabschaltung = Funktionskontrolle Drehmoment
Schraubtiefe ± 0,3 mm

— Steuerung:
Im Normalfall pneumatische Folgesteuerung. Im Sonderfall in Gesamtanlagen durch SPS.
Anzahl der Ausgänge 7
Anzahl der Eingänge 8
incl. Taster, Schalter und Anzeigen im Bedienfeld.

6.2.2.1.2  1-Spindel-Schraubeinheit mit Schraubenzuführung, Schraubachse vertikal

— Einsatz für:
Stationäre Verschraubung einzelner Schrauben mit automatischer Schraubenzuführung durch Zuschießen.

— Kontrollmöglichkeiten:
Schrauberstart
Schrauberabschaltung = Funktionskontrolle Drehmoment
Schraubtiefe ± 0,9 mm
Schraubeneinschuß mit Nachlademöglichkeit
Füllstandskontrolle des Schraubenzuführgerätes

— Steuerung:
Im Normalfall pneumatische Folgesteuerung mit zusätzlicher elektronischer Schraubeneinschuß- und Füllstandskontrolle. Im Sonderfall in Gesamtanlagen durch SPS.
Anzahl der Ausgänge 12
Anzahl der Eingänge 15
incl. Taster, Schalter und Anzeigen im Bedienfeld

6.2.2.1.3  1-Spindel-Anbauschraubeinheit ohne Schraubenzuführung, Schraubachse beliebig
(s. u. Robotschrauber)

— Einsatz für:
s.6.2.2.1.1

— Kontrollmöglichkeit:
s.6.2.2.1.1

— Steuerung:
s.6.2.2.1.1

6.2.2.1.4    1-Spindel-Schraubeinheit mit Schraubenzuführung, Schraubachse beliebig

— Einsatz für:
s.6.2.2.1.2

— Kontrollmöglichkeit:
s.6.2.2.1.2

— Steuerung:
s.6.2.2.1.2

6.2.2.1.5    1-Spindel-Robotschrauber ohne Schraubenzuführung, Schraubachse beliebig

— Einsatz für:
Anbau an Universalroboter mit der zusätzlichen Möglichkeit Schrauben im pick- and place-Verfahren aufzunehmen.

— Kontrollmöglichkeiten:
s.6.2.2.1.1

— Steuerung:
Durch SPS in Gesamtanlagen.
Anzahl der Eingänge  7
Anzahl der Ausgänge  7
incl. Taster, Schalter und Anzeigen im Bedienungsfeld.

6.2.2.1.6    1-Spindel-Robotschrauber mit Schraubenzuführung, Schraubachse beliebig

— Einsatz für:
Anbau an Universalroboter mit Schraubenzuführung durch Zuschießen.

- Kontrollmöglichkeiten:
  s.6.2.2.1.2

- Steuerung:
  Durch SPS in Gesamtanlage
  Anzahl der Eingänge   12
  Anzahl der Ausgänge   13
  incl. Taster und Anzeigen im Bedienfeld.

### 6.2.2.2 Mehrspindelschrauber

#### 6.2.2.2.1 Mehr-Spindelschraubstation für festes Schraubbild. Schraubachse vertikal, ohne Schraubenzuführung

- Einsatz für:
  Stationäre Mehrfachverschraubung z.B. mit hohem Fügeanteil und oder gegenseitige Schraubstellenbeeinflussung.

- Kontrollmöglichkeiten:
  Schrauberstart
  Schrauberabschaltung = Funktionskontrolle Drehmoment
  Schraubtiefe ± 0,3 mm

- Steuerung:
  Im Normalfall pneumatische Folgesteuerung oder in Gesamtanlagen durch SPS.
  Ausgänge   7
  Eingänge   6 + Anzahl der Schraubspindel x 2
  incl. Taster und Anzeigen im Bedienfeld.

#### 6.2.2.2.2 Mehrspindelschrauber für festes Schraubbild, Schraubachse vertikal mit Schraubenzuführung

- Einsatz für:
  Standardlösung für mittlere bis hohe Stückzahl, bei mittlerer bis langer Laufzeit als Einzelarbeitsplatz und bandgesteuert.

- Kontrollmöglichkeiten:
  Schrauberstart
  Schrauberabschaltung = Funktionskontrolle Drehmoment

Schraubtiefe ± 0,3 mm
Schraubeneinschuß mit Einzelnachlagemöglichkeit
Füllstandsanzeige des Schraubenzuführungsgerätes.

— Steuerung:
Pneumatische Folgesteuerung mit zusätzlichem elektronischen Schraubeneinschuß und Füllstandskontrolle oder durch SPS.
Ausgänge   12 + Anzahl der Schraubspindel x 2
Eingänge   12 + Anzahl der Schraubspindel x 3
incl. Taster und Anzeigen im Bedienfeld.

6.2.2.2.3   Mehrspindelschrauber mit Schraubbild umrüstbar, Schraubachsen und Schraubebenen beliebig, ohne Schraubenzuführung

— Einsatz für:
s.6.2.2.2.1 jedoch geeignet zur Umrüstung auf geändertes Schraubbild z.B. bei relativ kurzfristigem Modellwechsel.

— Kontrollmöglichkeiten:
Schrauberstart
Schrauberabschaltung = Funktionskontrolle Drehmoment
Schraubtiefe ± 0,3 mm

— Steuerung:
Im Normalfall pneumatische Folgesteuerung in Gesamtanlagen durch SPS.
Anzahl der Ausgänge   6 + Anzahl der Schraubspindel x 1
Anzahl der Eingänge   4 + Anzahl der Schraubspindel x 5
incl. Taster und Anzeigen im Bedienfeld

6.2.2.2.4   Mehrspindelschrauber mit Schraubbild umrüstbar, Schraubachsen und Schraubebenen beliebig und automatischer Schraubenzuführung.

— Einsatz für:
s.6.2.2.2.2 jedoch geeignet zur Umrüstung auf geändertes Schraubbild z.B. bei relativ kurzfristigem Modellwechsel.

— Kontrollmöglichkeiten:
Schrauberstart
Schrauberabschaltung = Funktionskontrolle Drehmoment
Schraubtiefe ± 0,3 mm

— Steuerung:
Pneumatische Folgesteuerung oder durch SPS.
Anzahl der Ausgänge  8 + Anzahl der Schraubspindel x 3
Anzahl der Eingänge  9 + Anzahl der Schraubspindel x 5

6.2.2.3     Schraubroboter in Portalbauweise

6.2.2.3.1   Schraubachse vertikal 1 oder 2 Schraubenebenen, Schraubposition in X- und Y-Richtung freiprogrammierbar, ohne Schraubenzuführung

— Einsatz für:
Mittlere Schraubfrequenz bei einer maschinenabhängigen Prozeßzeit von ca. 4—5 s/Schraube. Für häufig wechselnde Schraubbilder, mit theoretisch beliebig großen Arbeitsfeld und gegebenenfalls chaotischer Arbeitsfolge.

Wirtschaftliche ohne Schraubenzuführung von untergeordneter Bedeutung, da bei naturgemäß hohem Investitionsaufwand die Schraubenzuführung in fast allen Fällen im Interesse der Rentabilität erforderlich ist.

— Kontrollmöglichkeiten:
Schrauberstart
Schrauberabschaltung = Funktionskontrolle Drehmoment
Schraubtiefe
Schraubpositionsüberwachung

— Steuerung:
SPS mit Positionierbaugruppe für Drehstromservomotoren mit Inkrementalgeber.

6.2.2.3.2   Schraubroboter in Portalbauweise
Schraubachse vertikal, 1 oder 2 Schraubebenen, Schraubposition in X- und Y-Richtung, freiprogrammierbar

Schraubposition in X- und Y-Richtung, freiprogrammierbar mit Schraubenzuführung

— Einsatz für:
s. 2.2.3.1 mit der Möglichkeit, die Schraubenzuführung selbst bei geometrisch schwierigen Schrauben durch pick- and place-Verfahren anzuführen, unter Inkaufnahme entsprechender Prozeßverlängerung.

— Kontrollmöglichkeit:
Schrauberstart
Schrauberabschaltung = Funktionskontrolle Drehmoment
Schraubtiefe
Schraubpositionsüberwachung
Schraubeneinschuß mit automatischen Nachladevorgang
Füllstandskontrolle des Schraubenzuführgerätes.

— Steuerung:
s.6.2.2.3.1

6.2.2.3.3   Schraubroboter in Portalbauweise
Schraubachsen vertikal,
Schraubposition in X-, Y-Richtung freiprogrammierbar ohne Schraubenzuführung

— Einsatz für:
s.6.2.3.3.1 mit zusätzlich freiprogrammierbarer Z-Achse

— Kontrollmöglichkeiten:
s.6.2.3.3.1

— Steuerung:
s.6.2.3.3.1

6.2.2.3.4   Schraubroboter in Portalbauweise
Schraubachse vertikal, Schraubposition in X-, Y- und Z-Richtung freiprogrammierbar mit Schraubenzuführung

— Einsatz für:
s.6.2.3.3.2 mit zusätzlich freiprogrammierbarer Z— Achse.

— Kontrollmöglichkeiten:
s.6.2.3.3.2

— Steuerung:
s.6.2.3.3.2

### 6.2.2.4 Universalroboter mit Robotschrauber
Schraubachsen beliebig, Schraubposition im Arbeitsfeld des Roboters beliebig

— Einsatz :
Lösung der "Teilaufgaben Schrauben", wenn die Füge- und Montageaufgaben durch den Roboter ausgeführt werden z.B. in Fertigungszelle

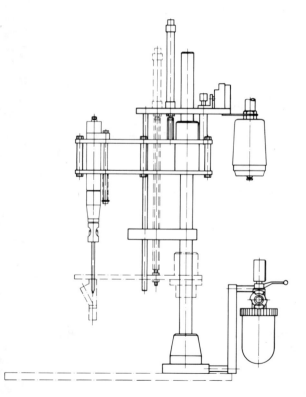
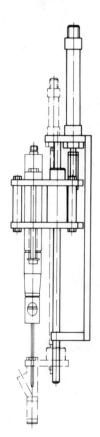

Bild 6.5: 1-Spindelschraubeinheit vertikal

Bild 6.6: 1-Spindel Anbauschraubeinheit

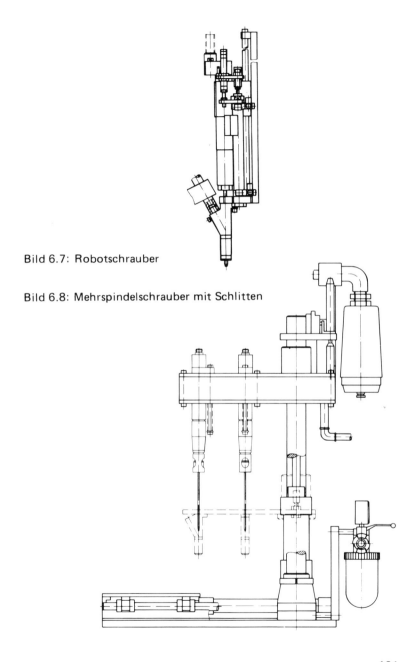

Bild 6.7: Robotschrauber

Bild 6.8: Mehrspindelschrauber mit Schlitten

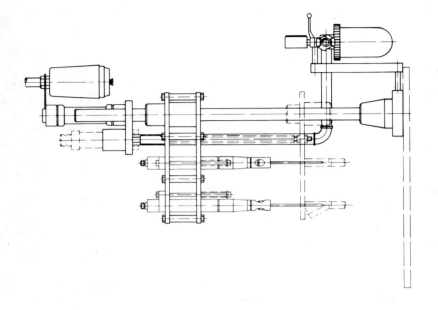

Bild 6.10: Mehrspindelschraubeinheit Seitenansicht

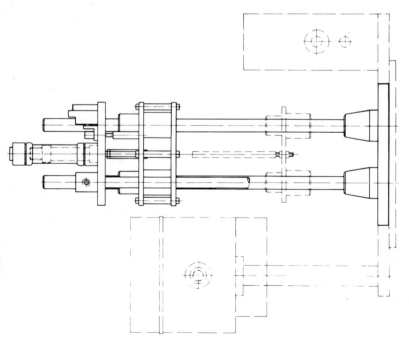

Bild 6.9: Mehrspindelschraubeinheit Frontseite

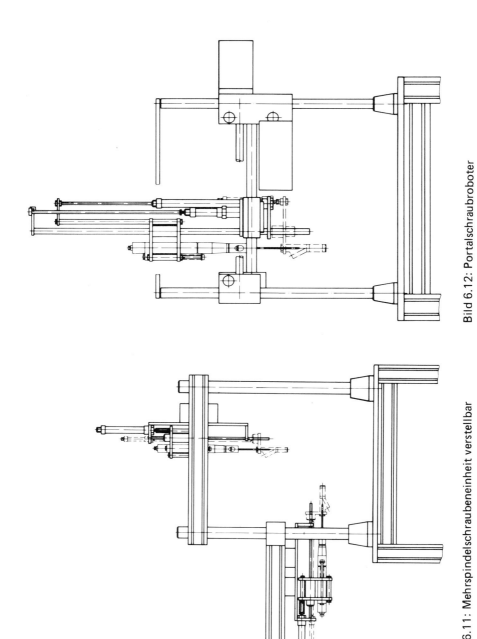

Bild 6.12: Portalschraubroboter

Bild 6.11: Mehrspindelschraubeneinheit verstellbar

## 6.3 Planungsleitfaden

### 6.3.1 Fragebogen mit Kommentaren:

- Verschraubt werden soll Werkstück 1 (mit gleichbleibendem oder unterschiedlichem Schraubbild, im Hinblick auf die Entscheidung für die Ausführung der Schraubeinheit, ob mit festem Schraubbild, verstellbar oder grundsätzlich flexibel),

- mit Werkstück 2
  (ein oder mehrere Ausführungen, wie vorstehend),

- mit Schrauben
  (ein oder mehrere Ausführungen, im Hinblick auf die Zahl und Ausführung der Schraubenzuführsysteme).

- Stückzahl pro Jahr und Monat.

- Laufzeit des Produktes ohne Modifikation in Jahren oder Monaten.

  (Die letztgenannten Fragen im Hinblick auf vertretbaren Gesamtaufwand von Amortisationszeit).

- Gesamtmontagezeit/100 Stück geplant = Schraubenzuführ-, Eindreh-Zeit + Handling- und Füge-Zeit.

- Arbeitsplatzgestaltung als Einzelarbeitsplatz oder bandintegriert.

  (Im Hinblick auf den Grad der Automation, Auswahl der Steuerung, forderliche integrierte Qualitätsüberwachung, Ausführung von Grundgestell oder Arbeitstisch, Sicherheitsabdeckungen).

- Qualitätssicherung durch Produktionsüberwachung für

  - Schraubspindel
    - Anlauf
    - Schraubtiefe
    - Abschaltung = funktionelle Drehmomentkontrolle
    - elektronische Drehmomentmessung

  - Schraubenzuführung
    - Füllstand
    - Vereinzelung
    - Einschuß

- Bereitstellung in Schraubposition
- Schraubenqualität
- durch größere Sortenreinheit als nach DIN
- durch Schraubenkopfkalibrierung
- durch Photozellen oder elektronische Formselektion

- Schraubenwerte
  - Bezeichnung (z.b. nach DIN—
  - Schaftdurchmesser und Schaftlänge
  - Kopfdurchmesser und Kopfform (mit zurätzlicher Angabe wenn nicht in DIN-Bezeichnung enthalten über Einsenk z.b. Philips — Kreuzschlitz, PZD — Kreuzschlitz, Torx — Einsenk etc).
  - Drehmoment und Toleranz
  - Eindrehtiefe
  - Gewindeganganzahl ( die einzudrehen ist)
  - ( Die Angaben über die Schrauben bestimmen zunächst einmal die Schraubspindel hinsichtlich Drehmoment und in Abhängigkeit von Schraubenart und Eindrehlänge, die Drehzahl, die Zuführbarkeit der Schrauben bzw. das Zuführverfahren).

- Werkstückangaben
  - Anzahl der Verschraubung je Werkstück
  - Werkstückpaarung ( z.B. Stahl auf Stahl, Kunststoff auf Stahl, Kunststoff auf Kunststoff etc. )
  - Werkstückabmessungen
  - Arbeitsfeld
  - Lage der Schraubachsen ( vertikal, horizontal geneigt )
  - Achsabstand minimal
  - Schraubebenen einheitlich oder unterschiedlich
  - Störkanten an den Schraubstellen in X-, Y- und Z-Richtung.

( Die Beantwortung der Werkstückangaben gibt zunächst einmal grundsätzlich Hinweise zur Ausführung der Schraubstation, siehe auch 2.2 der Schraubenzuführung in Abhängigkeit der Platzverhältnisse und bestimmen eventuelle Sondermaßnahmen im Anzugsverfahren bei gegenseitiger Schraubstellen-Beeinflussung).

In Verbindung mit den vorher genannten Standardmöglichkeiten der Ausführungen und unter Anwendungen der Richtwerte, kann in den meisten Fällen ein überschlägiger Investitionsaufwand unter Berücksichtigung der gestellten Forderungen ermittelt werden. Dieser Wert, alternativ diese Werte, eingesetzt in eine Rentabilitätsrechnung ergibt, welche Lösung unter welchen Kompromissen die jeweils wirtschaftlichste sein wird.

## 6.3.2 Richtpreiswerte für Standardlösungen
Preisbasis 1987 in 1000 DM

| | Steuerung pneum. | b. Klemmleiste | SPS | Steuerung pneum. | b. Klemmleiste | SPS | + Werkstückträger-schlitten |
|---|---|---|---|---|---|---|---|
| | ohne Schraubenzuführung | | | mit Schraubenzuführung | | | |
| 1-Spindel vertikal | 8,5 | 6,3 | — | 19,6 | 14,5 | 22,7 | 1,8–2,5 |
| 1-Spindel Anbau   | 7,8 | 5,7 | — | 18,5 | 14,1 | 22,3 | |
| 1-Spindel Robot   | — | 4,4 | — | — | 11,6 | — | |
| 2-Spindel vertikal | 13,0 | 11,0 | — | 28,5 | 22,0 | 31,0 | |
| 3-Spindel vertikal | 15,0 | 13,0 | — | 34,8 | 27,5 | 38,0 | 1,8–2,5 |
| 4-Spindel vertikal | 17,0 | 15,0 | — | 39,5 | 31,5 | 43,0 | |
| 6-Spindel vertikal | 21,0 | 19,0 | — | 56,5 | 46,0 | 60,0 | |
| 2-Spindel verstellb. | 17,3 | 16,0 | 25,0) | 33,0 | 27,0 | 36,5 | |
| 3-Spindel verstellb. | 21,8 | 21,0 | 30,0) | 43,0 | 36,5 | 47,0 | |
| 4-Spindel verstellb. | 26,4 | 26,5 | 37,0) | 51,0 | 44,5 | 58,0 | 1,8–2,5 |
| 6-Spindel verstellb. | 35,4 | 37,0 | 47,5) | 75,0 | 66,5 | 80,5 | |
| Schraubroboter 3-achsig | 2 Achsen frei programmierbar | | | | | 90 | 2,5 |
| Schraubroboter 3-achsig | 3 Achsen frei programmierbar | | | | | 103 | |

) Ausführung — nur in Verbindung mit vorhandener SPS in Gesamtanlage sinnvoll

## 6.4 Wirtschaftlichkeitsrechnung

### 6.4.1 System der Wirtschaftlichkeitsberechnung

| | | |
|---|---|---|
| Fertigungsstückzahl pro Jahr | $Z_G$ | Stück |
| Lohnfaktor pro Minute | $L$ | DM |
| Gesamt-Ist-Montagezeit pro 100 Stück | $T_{G1}$ | min. |
| Gesamt-Soll-Montagezeit pro 100 Stück | $T_{G2}$ | min. |
| Anschaffungskosten | $A$ | DM |
| Kosteneinsparung pro 100 Stück $E = (T_{G1} - T_{G2}) \cdot L$ | $E$ | DM |
| Mindeststückzahl zur Amortisation der Investition $Z_m = \frac{A}{E} \cdot 100$ | $Z_m$ | Stück |
| Amortisation in Monaten $= \frac{Z_m}{Z_G} \cdot 12$ | | Mon. |
| Leistungssteigerung $= \frac{T_{G1}}{T_{G2}} \cdot 100$ | | % |

*Bemerkung:*

Zu Lohnfaktor $= \dfrac{\text{gesamte Personalkosten pro Person und Jahr}}{\text{Gesamtstundenzahl pro Person und Jahr} \cdot 60}$

Zur Gesamtmontagezeit = Schraubzeit pro 100 Stück
 + Zuführzeit pro 100 Stück
 + restliche Montagezeit
 (Handhabung, Fügen usw.)

## 6.4.2 Beispiel einer Wirtschaftlichkeitsberechnung
Schraubsysteme — Kostenermittlung am Beispiel —

*Annahmen:*

- Werkstück mit 6 Schrauben

- Einschraubtiefe 6 Gewindegänge

- Schraubzeit bei Einzelverschraubung von 6 Gewindegängen sowie mittlere Lastdrehzehl von 600 U/min/100 Werkstücke, d. h. 600 Schrauben = 6 min/100 Werkstücke.

- Prozeßzeit ( Absenken, Schrauben, Ausheben) bei 6-fach Verschraubung, sonst wie oben = 3,5 min/100 Werkstücke.

- Schrauben fügen von Hand = 10 min/100 Werkstücke.

- Schrauber mit Zuführung greifen, an - und umsetzen, ablegen bzw. loslassen = 18 min/100 Werkstücke.

- Werkstück aufnehmen, einlegen, fügen und entnehmen = 20 min/100 Werkstücke.

- Lohnfaktor = Lohn und Lohnnebenkosten DM 30.--/Std. = 0,50 DM/min.


- Istzustand:
Schrauber handgeführt mit Schraubenzuführgerät

| Zeiten | | |
|---|---|---|
| | Werkstück fügen | 20,0 min % |
| | Schrauben mit SZG ansetzen | 18,0 min % |
| | Schraubzeit | 6,0 min % |
| | Prozeßzeit = Tg | 44,0 min % |
| | Lohnkosten  44 x 0,5 = | 22.--DM % |
| | Anschaffungskosten | 7000.--DM % |

- Sollzustand 1
6-fach Schraubeinheit ohne Zuführung mit Funktionskontrolle für

Drehmoment und Schraubtiefe ohne Werkstückaufnahme

| Zeiten | Werkstück fügen | 20,0 min % |
|---|---|---|
| | Schrauben fügen | 10,0 min % |
| | Schraubvorgang von Hand auslösen und Schraubzeit | 3,5 min % |
| | Prozeßzeit = Tg | 33,5 min % |
| | Lohnkosten | 16,75DM% |
| | Anschaffungskosten | 21.000.-- DM |

— Sollzustand 2

6-fach Schraubeinheit Einzelarbeitsplatz mit Schraubenzuführung ein- einschl. Funktionskontrolle für Drehmoment, Schraubtiefe und Schraubeneinschuß ohne Werkstückaufnahme

| Zeiten | Werkstück fügen | 20,0 min % |
|---|---|---|
| | Schrauben zuführen fällt in Füge- bzw. Transportzeit Schraubvorgang auslösen und Schraubzeit | 3,5 min % |
| | Prozeßzeit | 23,5 min % |
| | Lohnkosten | 10,25DM% |
| | Anschaffungskosten | 60.000.-- DM |

— Sollzustand 3

6-fach Schraubeinheit bandintegriert mit Schraubenzuführung einschl. Funktionskontrolle für Drehmoment, Schraubtiefe und Schraubeneinschuß ohne Werkstückaufnahme

| Zeiten | Werkstück fügen ( anteilig) | 5,0 min % |
|---|---|---|
| | Schrauben zuführen fällt in Füge- bzw. | |

Transportzeit
Schraubvorgang auslösen
und Schraubzeit o. Personal

Prozeßzeit = Tg          5,0 min  %

Lohnkosten               2,50 DM  %

Anschaffungskosten       65.000.-- DM

Wirtschaftlichkeitsrechnung bei
— Sollzustand 1

$$E = (T_{g\,ist} - T_{g1}) \times L = 5{,}25 \text{ DM}$$

$$Z_m = \frac{(A_1 - A_{ist})}{E} \times 100 = \frac{21000 - 7000}{5{,}25} \times 100$$

$$= 267.000 \text{ Stück}$$

— Sollzustand 2

$$E = 22 - 10{,}25 = 11{,}75 \text{ DM}$$

$$Z_m = \frac{60000 - 7000}{11{,}75} \times 100 = 471.000 \text{ Stück}$$

— Sollzustand 3

$$E = 22 - 2{,}50 = 19{,}50 \text{ DM}$$

$$Z_m = \frac{65000 - 7000}{19{,}50} \times 100 = 297.500 \text{ Stück}$$

# 7 Automatische Montage hochfester Schrauben
— Problemstellung und Lösungen —

Walter J. Mages

## 7.1 Einleitung

Die lösbare Schraubenverbindung hat nach wie vor eine eindeutige Vorrangstellung gegenüber anderen Füge- und Befestigungsarten und wird diese Position auch in Zukunft behaupten. Von erheblichem Nachteil war bis vor kurzem, daß die Montage hochfester Schraubenverbindungen überwiegend von Hand erfolgte. Die rasante Entwicklung in der Mikroprozessor-Technik hat dazu geführt, daß die Automation der Schraubmontage nicht länger Vision geblieben sondern Realität geworden ist. Immer mehr Anwender sehen hierin eine Möglichkeit zur rationellen Fertigung sowie zur Erzielung eines gleichbleibend hohen Qualitätsniveaus.

Die geplanten Vorteile einer automatischen Montage — vor allen Dingen der wirtschaftliche Erfolg — stellen sich jedoch nur ein, wenn dieser Vorgang reproduzierbar, sicher und störungsfrei abläuft. Für dieses Kriterium sind alle an der Montage beteiligten Komponenten verantwortlich und daher einer eingehenden Analyse zu unterziehen:

— die maschinellen Einrichtungen ( Hardware)

— die Steuerung des Montageprozesses ( Software)

— die zu verbindenden Teile bzw. Baugruppen
( hinsichtlich Gestaltung und Fehlerfreiheit)

— das Verbindungselement
( hinsichtlich Gestaltung und Fehlerfreiheit) .

In den folgenden Ausführungen wird insbesondere der letztgenannte Punkt — das Verbindungselement — eingehend beleuchtet, da gerade diesem Teil in der Regel zu wenig Aufmerksamkeit gewidmet wird.

## 7.2 Konstruktive Richtlinien für automatengerechte Schrauben

An Schrauben für atomatische Montagen wird infolge ihrer Verwendung eine besondere Anforderung gestellt — sie müssen sich ohne manuelle Einwirkung vereinzeln, zuführen, positionieren und montieren lassen. Art und Umfang der Anforderungen richten sich danach, ob der Einzelfall in der Endmontage oder in der Aggregatmontage angesiedelt ist; ob die automatische Montage mit fest installierten Montage-Systemen und Vorrichtungen oder mit freiprogrammierbaren Robotern durchgeführt wird. Je nach Einsatzgebiet und Umgebungsbedingungen können unterschiedliche Gesichtspunkte Priorität erhalten.

Am Beispiel der Endmontage wird deutlich, daß zur Lösung der Aufgabenstellung eine neue Schraubengeneration geschaffen werden mußte, die mit normalen Verbindungselementen nach DIN oder nach anderen Normen nicht mehr vergleichbar ist (Bild 7.1). Diese robotergerechten Schrauben — ROBOLT® — sind Präzisionsteile, welche durch sinnvolle Veränderungen für ihren Einsatz voll optimiert wurden.

Bild 7.1: ROBOLT-Schrauben verschiedener Ausführungen

### 7.2.1 Allgemeine Hinweise

Beim Verschrauben mittels Roboter oder anderer mechanisierter Einrichtungen sind eine Reihe von Gestaltungsrichtlinien in bezug auf die Schraubenabmessungen, die Kopfform, die Form des Schaftendes und die Toleranzhaltigkeit zu

ROBOLT® eingetragenes Warenzeichen der Kamax-Werke, Rudolf Kellermann GmbH & Co. KG, Osterode am Harz beachten. Einige verantwortliche Merkmale und Ausführungsformen sind aus Bild 7.2 ersichtlich.

Die in der Regel ungeordnet angelieferten Schrauben müssen vor dem Schraubvorgang in eine definierte Lage zur Aufnahme in das Schraubwerkzeug gebracht werden. Für das Bunkern, Ordnen und Magazinieren bis Schraubengröße M8 wird meist mit Vibrationsförderern gearbeitet. Für das Zuführsystem ist das Verhältnis Gesamtlänge zu Kopfdurchmesser kennzeichnend. Schaftlastige Schrauben können dem Schraubwerkzeug über flexible Kunststoffschläuche mittels Druckluft zugeleitet werden. Bei kopflastigen Schrauben arbeitet man mit offenen Schienenführungen. Eine andere, im hochfesten Bereich jedoch selten eingesetzte Möglichkeit ist die Schraubenmagazinierung in Ladegurten.

In der Vereinzelungsposition werden die Schrauben vom Schraubroboter mit Hilfe von Zangen, Klemmen, Hülsen, Vakuum- oder Magnetnüssen am Schraubenkopf gepackt. Im Automobilbau hat sich bei Schrauben mit einem Gewicht über 15 g das Halten in einer Nuß mit Haftmagnet durchgesetzt. Dabei darf ein maximaler Abstand zwischen Kopfoberseite und Magnet, der sich in der Schlüsselnuß befindet, nicht überschritten werden. Der Abstand zwischen Kopfoberseite und kegeliger Mantelfläche des Bundes ist somit ein kritisches Maß, für welches enge Toleranzen vorgegeben sind. Eine weitere Folge dieser Befestigungsart besteht darin, daß die Kennzeichnung auf der Schraube — Festigkeitsklasse und Herstellerzeichen — vertieft einzuprägen sind.

Die Positionierung der zu verbindenden Bauelemente, welche ebenfalls automatisch erfolgt, unterliegt naturgemäß auch gewissen Toleranzen. Bei der Verschraubung von Mehrlagen-Verbindungen ist es daher nicht auszuschließen, daß die Durchgangsbohrungen nicht exakt fluchten und somit die Paarungsfindung zwischen Schraube und Muttergewinde erschwert, teilweise sogar unmöglich gemacht wird. Aus diesem Grund werden in solchen Fällen vielfach Langlöcher eingesetzt, um durch gesteuerte Längsverschiebung innerhalb der konstruktiv zulässigen Abstandstoleranzen ein Durchführen der Schraube zu erleichtern und die gesamte Gruppe montagefähig zu zentrieren. Durch den Einsatz von Schrauben mit vergrößertem Bunddurchmesser können die Langlöcher vollständig abgedeckt werden, außerdem wird die Flächenpressung durch die bis zu 230% vergrößerte Kopfauflagefläche niedrig gehalten.

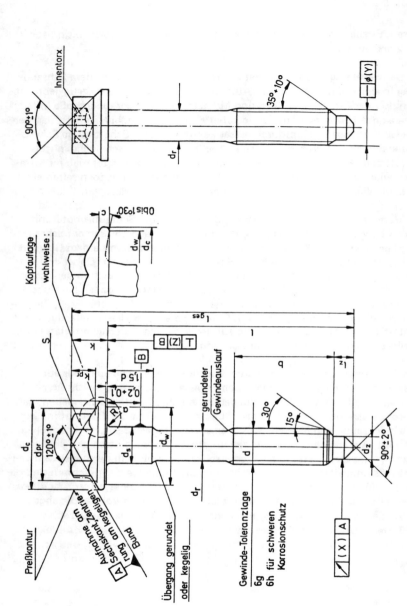

Bild 7.2: Gestaltung für automatengerechte Schrauben

Eine weitere positive Unterstützung der schnellen Paarungsfindung kann dadurch ermöglicht werden, daß die Schraube mit einem Zentrierzapfen und einer Suchspitze ausgestattet wird. Hierdurch wird außerdem ein schiefes Ansetzen der Schraube vermieden, welches den Schraubvorgang blockieren könnte. Außerdem ist es empfehlenswert, Verbindungselemente für automatische Montagen am Gewindeende stark anzufasen, ggf. sogar mit einer Doppelfase zu versehen.

Bislang sind automatengerechte Schrauben nicht genormt. Für die im Automobilbau am meisten verwendeten Abmessungen M6 bis M14 sind deshalb in Tabelle 7.1 Maße für das Schraubsystem ROBOLT angegeben. Diese sind in keiner Weise zwingend, sie sollten jedoch dem Konstrukteur als Orientierungshilfe dienen. In Tabelle 7.2 ist der Versuch unternommen, für die automatische Montage wesentliche Toleranzen zu klassifizieren. Zu beachten ist hierbei, daß bei der Umlaufschlagmessung die unter erreichbar aufgeführten Werte nur mit Sondermaßnahmen, die Mehrkosten zur Folge haben, einzustellen sind. Wo immer möglich sollten daher die darüber aufgeführten Werte angestrebt werden, die mit vertretbarem Aufwand erzielt werden können.

### 7.2.2 Besondere Ausführungsformen

Die auf dem Markt befindlichen Montageautomaten sind mit einem Drehmoment- und einem Drehwinkelsensor mit freiprogrammierbarer Steuerung ausgestattet. Hiermit kann in Abhängigkeit vom Verschraubungsfall drehmoment-, drehwinkel- oder streckgrenzgesteuert angezogen werden. Um streckgrenzgesteuert anzuziehende Schrauben besonders kenntlich zu machen, ist es empfehlenswert, sich für diesen Fall ein spezifisches Merkmal, z.B. den Schlüsselangriff TORX® zu reservieren (Bild 7.3).

Bei TORX liegt ein weiterer Vorteil darin, daß der Einsatz desselben Werkzeuges in bestimmtem Umfang auch für mehrere Gewindegrößen möglich ist. Damit entfällt ein zeitraubender Werkzeugwechsel bzw. die Installation mehrerer Schraubspindeln, falls an einem Montageplatz mehrere Verschraubungen sequentiell herzustellen sind. Bei knappen Raumverhältnissen kann unter Verwendung eines Innen-TORX ein platzsparendes Werkzeug eingesetzt werden. Zusätzlich wird die Paarungsfindung zwischen Schraubwerkzeug und Schlüsselangriff erleichtert. Grundsätzlich gilt jedoch, daß der Anwender unter den bei hochfesten Schrauben üblichen Schlüsselangriffs-Systemen keinen Einschränkungen unterliegt.

In einigen Anwendungsfällen, so z.B. beim Verschrauben von Teilen mit lackierten Oberflächen, besteht die Forderung, daß die Oberfläche der zu verspannenden Elemente durch den Fügevorgang nicht zerstört oder beschädigt werden darf. In solchen Fällen müssen Schrauben mit Unterlegscheibe eingesetzt werden. Da eine Komplettierung von Schraube und Unterlegscheibe unmittelbar vor der

---

TORX® eingetragenes Warenzeichen der Camcar Textron Rockford, Ill., USA

Schraubstation aufwendig und störanfällig wäre, bietet es sich an, Schrauben mit unverlierbar angerollter Scheibe einzusetzen. Bei Schaftschrauben mit deutlichem Abstand zwischen Gewindeauslauf und Unterkopfauflagefläche besitzt diese Scheibe jedoch erhebliche Freiheitsgrade. Die unkontrollierbare Positionierung der Scheibe zwischen Kopf und Gewinde, teilweise sogar mit einem Festklemmen im Gewindeauslauf verbunden, führt zu erheblichen Problemen im Bereich der Zuführeinrichtung. Eine elegante Lösung bietet hier die neuentwickelte ROBOLT-KOMBI® (Bild 7.4), bei der die angerollte Scheibe nicht durch das Gewinde, sondern durch eine Stützrille direkt unter Kopf gehalten wird. Damit kann das Spiel zwischen Scheibe und Kopfauflage so gering eingestellt werden, daß ein Verkanten der Scheibe beim Transport sicher verhindert wird. Das Handling dieser Teile ist dem von Bundschrauben vergleichbar.

Bild 7.3: ROBOLT-Schraube mit Schlüsselangriff TORX

Bild 7.4: Montagefreundliche Schraube ROBOLT- KOMBI

ROBOLT-KOMBI® eingetragenes Warenzeichen der Kamax-Werke, Rudolf Kellermann GmbH & Co. KG, Osterode am Harz

| Gewinde d | | M6 | M8 / M8x1 | M10 / M10x1,25 | M12 / M12x1,5 | M14 / M14x1,5 |
|---|---|---|---|---|---|---|
| $b$ | 1 | $18/24^3$ | $26/28^3$ | $31/32^3$ | 36 | $40/41^3$ |
| | 2 | | 32 | 37 | 42 | 47 |
| $c_{min}$ | | 1,1 | 1,2 | 1,5 | 1,8 | 2,1 |
| $d_c$ | max | 14,2 | $18/22^3$ | $22,3/25^3$ | 26,6 | 30,5 |
| $d_{pr} \pm 0,02$ | | 13 | 16 | 20,5 | 24 | 27,5 |
| $d_s$ | max | 6 | 8 | 10 | 12 | 14 |
| | min | 5,82 | 7,78 | 9,78 | 11,73 | 13,73 |
| $d_w -0,2$ | min | 12,2 | $15,8/19,8^3$ | $19,6/23,3^3$ | 23,8 | 27,6 |
| $d_r$ | | $\approx$ Gewinderolldurchmesser | | | | |
| $d_z$ h 13 | | 4,5 | 6 | 7,6 | 9,4 | 11,0 |
| $e$ | | 10,95 | 14,38 | $17,77/18,9^3$ | $18,9/21,1^3$ | $21,1/24,49^3$ |
| $k$ | max | 6,6 | 8,1 | 9,2 | 11,5 | 12,8 |
| $k_{pr} \pm 0,1$ | | 4,3 | 5,3 | 6,1 | 7,7 | 8 |
| $l_z \approx$ | | 1,75 | 2,5 | 3 | 3,5 | 4 |
| $l_2 + 0,3$ | | 3 | 4 | 5 | 6 | 7 |
| $S$ h 13 | | 10 | 13 | $16/17^3$ | $17/19^3$ | $19/22^3$ |

[1] für Nennlängen bis 125 mm
[2] für Nennlängen über 125 mm bis 200 mm
[3] durch den Querstrich werden wahlweise Ausführungen gekennzeichnet

Tabelle 7.1: Abmessungsvorschläge für ROBOLT-Schrauben

| Gewinde d | M8 M8x1 | | | | M10 M10x1,25 | | | | M12 M12x1,5 | | |
|---|---|---|---|---|---|---|---|---|---|---|---|
| Länge L | ≤30 | >30 ≤50 | >50 ≤80 | >80 ≤110 | ≤30 | >30 ≤50 | >50 ≤80 | >80 ≤130 | <50 | >50 ≤80 | >80 ≤130 |
| ↗ (X) anzu-streben | – | – | – | – | 0,7 | 1,0 | 1,4 | 2,2 | 1,2 | 1,6 | 2,2 |
| erreichbar | 0,66 | 0,78 | 0,92 | 2 | 0,66 | 0,78 | 0,92 | 2 | 0,78 | 0,92 | 2 |
| – (Y) | 0,11 | 0,15 | 0,21 | 0,27 | 0,13 | 0,18 | 0,25 | 0,38 | 0,2 | 0,28 | 0,4 |
| ⊥ (Z) bei Abstand a | 0,18 8 | | ab l = 65 mm 0,24 8 | | 0,24 10 | | | | 0,27 12 | | |

Tabelle 7.2: Toleranzen für ROBOLT-Schrauben

Bedingt durch die hohen Einschraubdrehzahlen kann es während der Montage zu einem Mitdrehen der Scheibe kommen. Dies führt zu unerwünschten Oberflächenverletzungen. Abhilfe schaffen hier Scheiben mit ein- oder beidseitig angebrachten Sperrnocken bzw. - rippen, die sich beim Aufsetzen im Gegenmaterial abstützen und so ein Mitdrehen der Scheibe verhindern.

Die automatische Montage von Sicherungsschrauben ist nicht unproblematisch. Falls eine Beschichtung mit mikroverkapseltem Kleber im Gewinde vorgesehen ist, können diese Schrauben über die üblichen Einrichtungen nicht zugeführt werden, da der mikroverkapselte Kleber aufplatzen und die gesamte Anlage verstopfen würde. Hier ist entweder eine Sonderzuführung mit kurzen, schwingungsarmen Wegen zu konstruieren oder eine andere Sicherungswirkung einzusetzen, beispielsweise eine Sperrzahnsicherung unter Kopf (siehe Bild 7.5). Als Neuentwicklung können Sperrzahnausführungen angeboten werden, die auch bei Außensechskantschrauben einen wirksamen Schutz gegen Losdrehen bieten.

Bild 7.5:   Montagefreundliche Schraube mit Sperrverzahnung unter Kopf

## 7.3   Qualitative Anforderungen an automatengerechte Schrauben

Bei der qualitativen Bewertung von Produkten ist dem Begriff "Qualität" immer ein zweifelsfreier Bewertungsmaßstab zuzuordnen, an dem der Vollkommenheitsgrad der zu beurteilenden Teile gemessen werden kann. Der Begriff Qualität läßt sich daher in Anlehnung an DIN 55350, Teil 11 bis Teil 13 und ISO 3534 wie folgt definieren:

Qualität ist die Gesamtheit von Eigenschaften und Merkmalen eines Produktes, die sich auf dessen Eignung zur Erfüllung vorgegebener Anforderungen beziehen.

Einwandfreie Qualität bedeutet demzufolge Übereinstimmung von Ausführung bzw. Beschaffenheit und Anforderung. So ist es bei Verbindungselementen falsch, der Festigkeitsklasse 12.9 eine höhere Qualität zuzuschreiben als der Festigkeitsklasse 8.8 oder eine Normschraube hinsichtlich ihres Qualitätsniveaus geringer einzustufen als eine Pleuelschraube.

Nach dieser Definition wäre es ebenso falsch, bezogen auf ein einzelnes Produkt von "guter" bzw. "schlechter" Qualität zu sprechen, da ein Produkt entweder die geforderte Qualität hat oder nicht hat. Bezogen auf Schrauben für automatische Montagen bedeutet dies, daß die spezifischen Anforderungen für den automatischen Montageprozeß in definierbare Qualitätsmerkmale umzusetzen sind, so daß für das Einzelprodukt jederzeit überprüft werden kann, ob die Qualität für eine automatische Montage vorhanden ist oder nicht. Bei Verbindungselementen handelt es sich jedoch um Massenprodukte, die es infolge ihrer kurzen Stückfolgezeit bei der Herstellung, ihrer Quantitäten sowie ihres Handlings als Schüttgut nicht ermöglichen, diese Qualitätsbeurteilung für jedes Einzelteil zu treffen. Es gilt hier, eine qualitative Aussage für eine Vielzahl von Teilen — für ein Lieferlos — zu treffen.

*7.3.1    Beurteilung von Lieferlosen*

Massenprodukte werden traditionell nach Stichprobenplänen geprüft, die sich an statistische Methoden anlehen. Wesentliches Kriterium für Stichprobenpläne ist die "annehmbare Qualitätsgrenzlage" AQL ( Acceptable Quality Level) nach DIN 40 080 bzw. ISO 2859-1974:

"Die AQL ist der maximale Anteil fehlerhafter Einheiten in Prozent (oder die maximale Anzahl von Fehlern je 100 Einheiten) , der (oder die) für Zwecke der Stichprobenprüfung als befriedigende durchschnittliche Qualitätslage angesehen werden kann. "

Zu beachten ist, daß der AQL-Wert sich nicht als Qualitätssicherung für ein Einzellos eignet, sondern nur für eine Serie von Losen sinnvoll anwendbar ist. Desweiteren bedeutet ein vereinbarter AQL-Wert nicht, daß wissentlich auch nur eine einzige fehlerhafte Schraube geliefert werden darf. Selbst wenn das Lieferlos die Annahmebedingungen erfüllt, dürfen einzelne Verbindungselemente, die den technischen Anforderungen nicht entsprechen, beanstandet werden.

Für die verschiedenen AQL-Werte sind in den Stichprobenanweisungen der Stichprobenumfang n und die Annahmezahl $A_c$ ( höchste Anzahl von Teilen mit Fehlern in einer Stichprobe, bei der das Prüflos noch angenommen wird) festgelegt, teilweise in Abhängigkeit vom Losumfang N. Die Wirkungsweise dieser Festlegung läßt sich am besten anhand der sogenannten Operationscharakteristik (OC) erläutern. Die OC-Kennlinien (Bild 7.6) sind eine grafische Darstellung des Zusammenhangs zwischen der Annahmewahrscheinlichkeit L (Wahrscheinlichkeit, mit der ein Los, das einen bestimmten Anteil von Teilen mit Fehlern enthält, aufgrund einer Stichprobenvorschrift nicht als Ganzes zurückgewiesen werden kann) und dem Anteil an Fehlern bzw. fehlerhaften Einheiten im Prüflos. Man erkennt, daß beispielsweise für einen Fehleranteil im Los von 2 % die Annahmewahrscheinlichkeit L bei AQL 1,5 (Stichprobenanweisung: 200 −7) noch L = 95,4% beträgt, bei AQL 1,0 (200 −5) auf 78,5% absinkt und bei AQL 0,65 (200 −3) nur noch bei 43,5% liegt. Die Prüfschärfe nimmt also mit geringeren AQL-Werten erheblich zu. Aus diesem Bild sind zwei weitere charakteristische Kennwerte zu entnehmen:

— das Lieferantenrisiko ( Wahrscheinlichkeit, mit der beim Anwender einer Stichprobenanweisung ein Los nicht angenommen wird, obwohl es der Qualitätslage des jeweiligen AQL-Wertes entspricht),

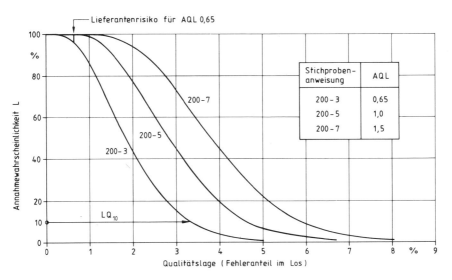

Bild 7.6: Operationscharakteristik (OC) verschiedener Stichprobenanweisung nach DIN 40 080

— die Grenzqualität LQ ( Grenzwert der Qualitätslage, dem in einer Stichprobenanweisung eine angegebene, relativ niedrige Annahmewahrscheinlichkeit zugeordnet ist, $LQ_{10}$ ist zum Beispiel die Prozentzahl von Fehlern eines Merkmals vorgelegter Erzeugnisse, die eine 10%ige Wahrscheinlichkeit hat, beim Anwenden eines Stichprobenplanes angenommen zu werden. Sie gilt auch als Abnehmerrisiko).

Aus dem umfangreichen Tabellenwerk der ISO 2859 ist zur Verdeutlichung die Tabelle 7.3 zusammengestellt. Durch Multiplikation des AQL-Wertes mit dem Faktor $LQ_{10}/AQL$ ergibt sich das Abnehmerrisiko $LQ_{10}$ für die jeweilige Stichprobe. So kennzeichnet eine Stichprobe von n = 50 mit der Annahmezahl $A_c$ = 1 ein Los, das bei einem Fehleranteil von 7,2% mit 10%iger Wahrscheinlichkeit trotzdem angenommen wird. Wird die Annahmezahl von $A_c$ = 1 auf $A_c$ = 0 gesenkt, so ist für die geprüften Lose noch eine 10%ige Wahrscheinlichkeit der Annahme gegeben, falls sie nicht mehr als 4,5% fehlerhafte Teile enthalten.

| Annahme-zahl $A_c$ | AQL in % | | | | | | $\dfrac{LQ_{10}}{AQL}$ |
|---|---|---|---|---|---|---|---|
| | 0,65 | 1,0 | 1,5 | 2,5 | 4,0 | 6,5 | |
| | Stichprobe | | | | | | |
| 0 | 20 | 13 | 8 | 5 | — | — | 16,0 |
| 1 | 80 | 50 | 32 | 20 | 13 | — | 7,2 |
| 2 | 125 | 80 | 50 | 32 | 20 | 13 | 6,1 |
| 3 | 200 | 125 | 80 | 50 | 32 | 20 | 5,2 |
| 5 | 315 | 200 | 125 | 80 | 50 | 32 | 4,4 |
| 7 | 500 | 315 | 200 | 125 | 80 | 50 | 3,7 |
| 10 | | 500 | 315 | 200 | 125 | 80 | 3,1 |
| 14 | | | 500 | 315 | 200 | 125 | 2,6 |
| 21 | | | | 500 | 315 | 200 | 2,2 |

Tabelle 7.3: Bestimmung des Abnehmerrisikos $LQ_{10}$ nach ISO 2859

Die Ausführungen zeigen, daß der Festlegung des AQL-Wertes und der Zuordnung der Stichprobenanweisung eine große Bedeutung zukommt. Zum einen soll der Abnehmer von der Annahme von Losen mit ungenügender Qualitätslage, zum anderen der Lieferant vor der Beanstandung solcher Prüflose geschützt werden, deren Fehleranteile kleiner als der AQL-Wert sind. Für Verbindungselemente sind daher in DIN 267, Teil 5 und ISO/DIS 3269 Stichprobenanweisungen vorgegeben, bei denen das Lieferantenrisiko von 5% für Maße und 12% für mechanische Eigenschaften bei Losen mit einem Fehleranteil gleich dem AQL-Wert nicht überschritten wird. Andererseits ist dem Abnehmer die notwendige Freiheit gelassen, je nach Funktionserfordernissen und Erfahrung aus vorangegangenen Losen desselben Lieferanten durch Wahl des AQL-Wertes die Prüfschärfe und damit den Prüfaufwand zu beeinflussen. Ein Beispiel für diese Möglichkeit ist in Bild 7.7 für AQL 1,0 gegeben.

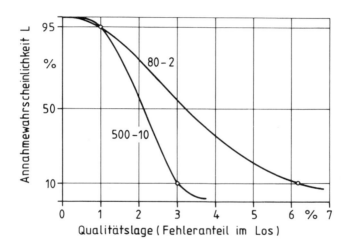

Bild 7.7: Operationscharakteristik (OC) von Stichprobenanweisungen für AQL 1,0 nach DIN 267, Teil 5

Die Erfahrungen haben gezeigt, daß der in den technischen Lieferbedingungen für Verbindungselemente festgelegte Qualitätsstandard für automatische Montagen nicht ausreicht, da er sich an der manuellen Verschraubungstechnik orientiert. Um jegliche Störung durch untermischte Fremdteile oder fehlerhafte Teile auszuschalten, gehen die Forderungen seitens der Abnehmer dahin, von den Lieferanten die Anlieferung 100%ig fehlerfreier Schraubenlose zu verlangen. Hierbei wird bewußt oder unbewußt außer acht gelassen, daß dieser extreme Anspruch bei einer Massenfertigung mit dem heutigen Stand der Technik nicht erfüllbar ist.

Um zwischen den beiden extremen Positionen überhaupt Kompromißlösungen diskutieren zu können, ist es zunächst erforderlich, eine leicht zu ermittelnde, charakteristische Größe zu finden, mit der die Qualitätslage von Lierferlosen beschrieben werden kann. Danach ist es möglich, bezogen auf diese Größe die Anforderungen festzulegen und einen Qualitätsstandard zu definieren.

In letzter Zeit hat sich für die Beurteilung des Qualitätsniveaus von Massenteillosen der Reinheitsgrad x durchgesetzt. Er errechnet sich nach der Formel

$$x = \frac{\text{Anzahl Gutstücke im Los}}{\text{Anzahl Fehlstücke im Los.}} \tag{1}$$

Um die Aussagefähigkeit dieser Größe zu verdeutlichen, sind im folgenden einige Zahlen angegeben. Für AQL 0,65 ergibt sich je nach Stichprobengröße ein Reinheitsgrad von $x = 20\ ...80$. Dieser Qualitätsstandard ist branchenüblich und kann durch herkömmliches Überwachen des Fertigungsablaufs erzielt werden. Hiermit wird deutlich, daß mit der Festlegung von AQL-Werten zur Qualitätsabsicherung von Lierferlosen bei automatischen Montagen kein Auskommen gegeben ist.

Führende Hersteller von Verbindungelementen besitzen in der Regel wirkungsvollere Qualitätssicherungs-Systeme, so daß ohne besondere Behandlung der Lieferlose Reinheitsgrade von $x = 300\ ...800$ erzielt werden.

Mit besonderen Maßnahmen lassen sich weitere Verbesserungen des Reinheitsgrades erreichen. Durch die Verwendung von Prozeßüberwachungseinrichtungen, der statistischen Prozeßkontrolle sowie 100%iger manueller Sichtprüfung erhält man $x = 5000\ ...\ 20000$.

### 7.3.2  *Auswirkung des Reinheitsgrades auf die Montagekosten*

Mit dem zuvor definierten Reinheitsgrad besteht nun die Möglichkeit, meßbare Qualitätsstandards für Lierferlose festzulegen. Diese müssen jedoch dem Verwendungszweck angepaßt sein. Da alle Maßnahmen zur Steigerung des Reinheitsgrades für den Lieferanten Aufwand bedeuten und sich somit in den Kosten niederschlagen, wäre es unzweckmäßig, pauschal Reinheitsgrade in der Größenordnung von x gegen Unendlich ( zero defect) zu fordern.

Es sollen deshalb an dieser Stelle die Erfordernisse des Anwenders für besonders kritische Einsatzfälle analysiert werden. Extreme Qualitätsanforderungen ergeben sich zwansläufig bei automatisierten Montagevorgängen. Jedes Fehlteil, das die Montage behindert oder zu einer Fehlmontage führt, ist unerwünscht.

Um die wirtschaftlichen Auswirkungen des Qualitätsstandards der Lieferlose bewerten zu können, sind die Montagekosten als Funktion des Reinheitsgrades auszudrücken:

$$K_M = (k_1 \cdot t_L + k_2 \cdot t_S + W) \cdot \frac{1}{\frac{x_{St}}{n}} \qquad (2)$$

Der Reinheitsgrad nach Gl. (1) bedeutet, daß sich die Montagekosten $K_M$ für einen Verschraubungsfall in einer Baugruppe, beispielsweise bei einem Reinheitsgrad von $x = 3000$, zusammensetzen aus dem Kostensatz $k_1$ eines Montageautomaten für eine Laufzeit $t_L$, innerhalb der $x_{St} = 3000$ einwandfreie Teile je Fehlstück verarbeitet werden können, zuzüglich der Störungskosten für das 3001. Teil, die für die Dauer $t_S$ der von der Störung betroffenen Montagelinie mit dem Kostensatz $k_2$ entstehen.

In Gl. (2) bedeuten:

| | | |
|---|---|---|
| $K_M$ | — Montagekosten für einen Verschraubungsfall in einer Baugruppe | (DM/Einheit) |
| $k_1$ | — Kostensatz des Montageautomaten | (DM/min) |
| $k_2$ | — Kostensatz der im Falle einer Störung betroffenen Montagelinie | (DM/min) |
| $t_L$ | — Laufzeit des Montageautomaten | (min) |
| $t_S$ | — Dauer einer Unterbrechung infolge Störung | (min) |
| $n$ | — Anzahl der Schrauben für einen Verschraubungsfall in einer Baugruppe | (Stück/Einheit) |
| $m$ | — Montageleistung bzw. Taktzeit der Montagelinie | (Einheiten/min) |
| $W$ | — Ausfallkosten bei Nacharbeit | (DM) |

$x_{St}$ — Dem Reinheitsgrad x entsprechende Zahl der Gutstücke pro Fehlstücke (Stück)

Aus der Abhängigkeit

$$t_L = \frac{x_{St}}{n \cdot m}$$

folgt:

$$K_M = \frac{k_1}{m} + \frac{n}{x_{St}} \cdot (k_2 \cdot t_S + W) \qquad (3)$$

Im folgenden ist nun der Versuch unternommen, für einen automatisierten Verschraubungsfall entsprechende Zahlenwerte für Gl. (3) anzusetzen. Die sich ergebende grafische Anhängigkeit ist im Bild 7.8 für eine automatische Schwungradverschraubung dargestellt. Die Kurve 1 stellt die Abhängigkeit dar, die trotz ihrer hypothetisch angesetzten Werte den realen Gegebenheiten ziemlich nahe kommen dürfte. Es zeigt sich, daß sich die Montagekosten mit steigendem Reinheitsgrad asymptotisch dem Wert $\frac{k_1}{m}$ für störungsfreien Betrieb nähern. Bei $x = 4 \cdot 10^4$ ist in der Grafik kein Unterschied mehr feststellbar.

Die größte Unsicherheit bei den Ansätzen bestand in der Zeit $t_S$ zur Störungsbeseitigung. Aus diesem Grund wurden mit den Kurven 2 und 3 Variationen gerechnet, und zwar Kurve 2 für die Störzeit $t_S = 0$, d.h. Beseitigung der Störung innerhalb der Taktzeit der Montagelinie, und Kurve 3 für eine extrem überhöhte Zeit zur Störungsbeseitigung ( $t_S = 60$ min) . Man erkennt, daß die Beziehung zwischen Störzeit und Reinheitsgrad bedeutsam ist. Hohe Störzeiten fordern um Zehnerpotenzen höhere Reinheitsgrade, um zu gleichen Montagekosten zu gelangen. Demgegenüber ist der Einfluß des Kostensatzes der vollständigen Montagelinie einschließlich des Wertes der ausgefallenen Einheit und der Nacharbeit geringer, wie die Kurve 4 zeigt, die in diesen beiden Ansätzen mit verdoppelten Werten berechnet wurde.

Daß diese Abhängigkeit kein Einzelfall ist, zeigt die Beispielrechnung eines anderen automatisierten Verschraubungsfalles. Die in Bild 7.9 für eine Radschraubenmontage geltenden Kurven basieren auf völlig unterschiedlichen Ansätzen, trotzdem ergibt sich in bezug auf den Reinheitsgrad ein nahezu gleiches

Ergebnis. Insbesondere der Einfluß der Störzeit $t_S$ ist bei diesem Beispiel signifikant. Unterstellt man Schraubenanlieferungen mit einem Reinheitsgrad $x = 10^3$, d.h. ein Fehlteil auf 1000 fehlerfreie Teile, so ergeben sich für Kurve 2 (Fehlerbeseitigung innerhalb der Taktzeit der Montagelinie) immerhin noch akzeptable Montagekosten. Für eine Störzeit von 20 Minuten (Kurve 3) erhöhen sich jedoch die Montagekosten um den Faktor 8 und liegen somit noch um den 4fachen Wert über den manuellen Montagekosten.

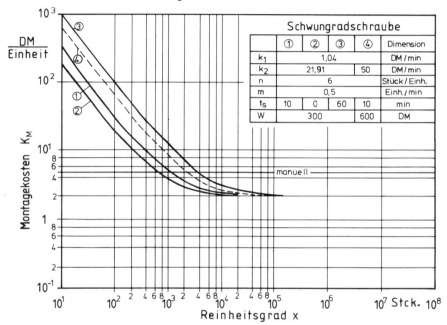

Bild 7.8: Montagekosten einer automatischen Verschraubung in Abhängigkeit vom Reinheitsgrad ( Beispiel: Schwungradschraube)

Desweiteren ist zweifelsfrei, daß die Vereinbarung von AQL-Festlegungen zur Charakterisierung der Lieferqualität absolut unzureichend ist. Die auf dieser Grundlage vorliegenden Reinheitsgrade führen in allen Fällen zu Montagekosten, die z.T. erheblich über den Kosten der manuellen Montage liegen. Unter diesen Voraussetzungen ist ein wirtschaftlicher Einsatz der automatischen Montagetechnik nicht gegeben. Insgesamt läßt sich aus diesen Abhängigkeiten folgern:

— Den Anwendern muß zugestanden werden, daß sie mit den heute üblichen Reinheitsgraden einer normalen Schraubenproduktion nicht zurechtkommen. Mit Standardqualitäten ohne Sondermaßnahmen ergeben sich Montagekosten, die erheblich über denen der manuellen Montage liegen. So gesehen ist die Forderung nach verbesserter Qualität durchaus berechtigt.

— Die Forderung nach Fehlerfreiheit ist hingegen sinnlos. Das Beispiel zeigt, daß Reinheitsgrade oberhalb $x = 10^5$ keine Kostenminderung bewirken, sondern nur das Produkt unnötig belasten.

— Der Anwender selbst ist aufgefordert, bei der Konzeption seiner Montagelinie dafür zu sorgen, die Stillstandszeiten bei auftretenden Störungen so gering wie möglich zu halten. Dies ist zu seinem eigenen Nutzen und ermöglicht dem Lieferanten, mit realisierbaren und vertretbaren Reinheitsgraden zurechtzukommen.

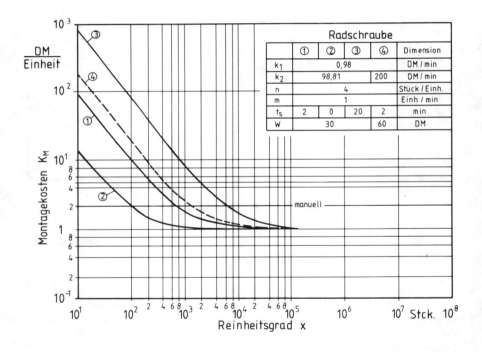

Bild 7.9: Montagekosten einer automatischen Verschraubung in Abhängigkeit vom Reinheitsgrad (Beispiel: Radschraube)

Es stellt sich daher die Frage, welche Vereinbarungen hinsichtlich der Qualität von Lieferlosen getroffen werden können. Unter Einbezug wirtschaftlicher Gesichtspunkte besteht ein Ansatz darin, die Grenze für einen sinnvollen Reinheitsgrad dort zu ziehen, wo eine weitere Reinheitsgradverbesserung um 50000 nur noch eine Montagekostenermäßigung von lediglich 0,01 DM je Einheit bewirkt. Bei Berücksichtigung der individuellen Verhältnisse des Verbrauchers bedeutet dies den Berührungspunkt der zuvor gezeigten Kostenkurven mit einer Tangente der Steigung $m_G = -0,2 \cdot 10^{-6}$. Der entsprechende Reinheitsgrad $x_G$ kann dann aus der Ableitung der Gl. (3) ermittelt werden:

$$m(x_{St}) = \frac{dK_M}{dx_{St}} = \frac{-n(k_2 \cdot t_S + W)}{x_{St}^2}$$

$$x_G = \sqrt{\frac{-n(k_2 \cdot t_S + W)}{m_G}} \qquad (4)$$

Bei den gerechneten Beispielen ergeben sich hiernach:

— für die Schwungradverschraubung $\qquad x_G = 1,2 \cdot 10^5$

— für die Radverschraubung $\qquad x_G = 6,75 \cdot 10^4$.

## 7.4 Möglichkeiten der Schraubenhersteller

Angesichts der zuvor abgeleiteten Zusammenhänge haben die Schraubenhersteller akzeptiert, daß Kundenforderungen nach einer weitgehend fehlerfreien Belieferung berechtigt sind. Jeder Lierferant, der an einer langfristigen Beziehung zu seinen Abnehmern interessiert ist, wird ernsthaft bemüht sein, den Zielvorgaben seiner Abnehmer möglichst nahe zu kommen. Dies ist nur durch ein Zusammenspiel aller am Produktionsprozeß beteiligten und für die Qualität maßgebenden Einflußgrößen möglich. Oberstes Ziel muß es daher sein, Fehler möglichst bereits in der Produktionsphase zu vermeiden. Dies bedeutet, das Einhalten vorgegebener Toleranzen für einen Merkmalswert während des Fertigungsprozesses sicherzustellen. Neben statistischen Prozeßkontrollen, die ein hilfreiches Hilfsmittel für die Fertigung darstellen, sind einige Problemlösungen zur Fehlervermeidung bekannt, die teilweise weit in den Bereich der Fertigung hineinreichen. Bild 7.10 zeigt die in der Schraubenfertigung typischen Fehlerarten und die qualitätssichernden Maßnahmen, mit denen diesen Fehlerarten begegnet werden kann. Im fogenden werden diese Maßnahmen mit ihren Vorteilen und Grenzen näher beschrieben.

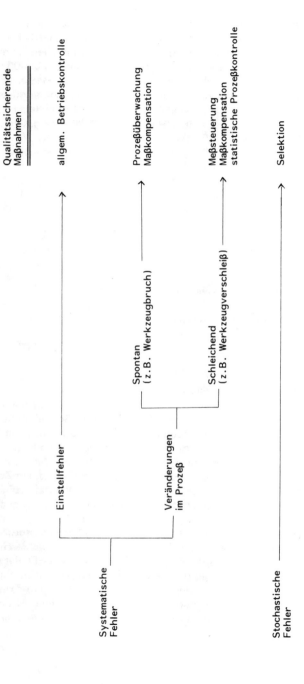

Bild 7.10: Fehlerarten im Produktionsprozeß

## 7.4.1 Prozeßregelnde Maßnahmen

Die unmittelbarste Art, einen Merkmalswert gezielt zu erzeugen, ist die Meßsteuerung, wie sie beim spitzenlosen Einstechschleifen von Dehnschaft- und Paßschrauben verwendet werden kann. Die Vorschubbewegung während der Bearbeitung steht in einer funktionalen Abhängigkeit zur Veränderung des Merkmalswertes "Passungsdurchmesser". Durch ständiges Messen des Merkmalswertes während der Bearbeitung kann der Fertigungsvorgang bei Erreichen des vorgegebenen Sollwertes beendet werden. Voraussetzung hierbei ist jedoch, daß die Genauigkeit des Meß- und Steuerungssystems ausreicht, die vorgegebenen Toleranzen des Merkmalswertes sicher einzuhalten.

Ist die funktionale Abhängigkeit zwischen Vorschubbewegung und Merkmalswert nicht gegeben, wie beispielsweise beim Längsüberdrehen von Schaftschrauben, ist die Meßsteuerung nicht verwendbar. Hier bietet sich die Steuerung mit Maßkompensation an. Nach Beendigung eines Bearbeitungszyklus wird der Merkmalswert des entsprechenden Teiles entweder in der Maschine oder auf einer externen Meßstation überprüft. Überschreitet der Merkmalswert im Verlauf der Schicht infolge temperaturabhängiger Verformungen des Maschinensystems oder Verschleißes des Schneidwerkzeuges vorgegebene Regelgrenzen, wird die Zustellung des Werkzeugträgers für die Bearbeitung des nachfolgenden Teiles entsprechend korrigiert. Damit dieses System stabil bleibt, muß folgende Bedingung erfüllt sein:

Kompensationsschritt $\ll$ Regeltoleranz $<$ Toleranz des Merkmalswertes.

Ein plötzlicher Bruch des Schneidstahls ist durch eine sprunghafte Überschreitung der Toleranzgrenze des Merkmalswertes oder durch eine Schnittkraftüberwachung feststellbar. In diesen Fällen schaltet sich die Maschine selbsttätig ab; bei modernen Maschinen mit Werkzeugmagazinierung wird das Schneidwerkzeug automatisch gewechselt. Sowohl bei der Meßsteuerung als auch bei der Steuerung mit Maßkompensation können mittels Zusatzeinrichtungen die gemessenen Ist-Werte gespeichert und nach Schichtende oder Beendigung des Fertigungsloses abgerufen, überprüft und ausgewertet werden.

Nicht alle Fertigungsverfahren erlauben, Merkmalswerte an jedem Teil während oder nach der Bearbeitung zu messen. Bei komplexen Fertigungsabläufen mit großen Produktionsmengen je Zeiteinheit, z.B. bei der Warmbehandlung oder der spanlosen Formgebung, müssen andere Wege eingeschlagen werden. Einer davon ist die Prozeßüberwachung. Hierbei werden charakteristische Prozeßparameter mit einer guten Korrelation zu vorgegebenen Merkmalswerten während des Prozesses ständig überprüft. Bei der Warmbehandlung sind dies die Temperaturführung im Ofen und die Schutzgaszusammensetzung, die auch im Sinne einer

Prozeßsteuerung geregelt werden können, bei der Umformung die größte Umformkraft oder der Kraftverlauf. Die Konstanz der Prozeßparameter bietet die Voraussetzung dafür, daß die Merkmalswerte innerhalb der vorgegebenen Toleranzen liegen. Die Sollwerte der Prozeßparameter und ihre zulässigen Schwankungsbreiten werden in der Regel über eine Vorserie ermittelt und auf der Basis technologischer Abhängigkeiten gepaart mit umfangreicher betrieblicher Erfahrung vorgegeben. Die Zuverlässigkeit der Prozeßüberwachung ist auf jeden Fall stichprobenweise zu überprüfen.

Die Problematik der Prozeßüberwachung liegt hingegen darin, ob die Abhängigkeit zwischen Prozeßparameter und Merkmalswert wirklich eindeutig oder zumindest bestimmend ist. Bei der Umformung wird bekanntlich die Beziehung zwischen Umformkraft und geometrischen Merkmalswerten überlagert von der Ausgangsfestigkeit des Werkstoffs. Ist die Festigkeitsschwankung so groß, z.B. beim Gewindewalzen vergüteter Schraubenteile, daß ihr Einfluß auf die Umformkraft die Abhängigkeit zwischen Kraft und Dimensionsmaßen übersteigt, versagt die Prozeßüberwachung. Außerdem wird durch diese Ausführungen deutlich, daß die Prozeßüberwachung kein geeignetes Instrument ist, um Toreranzgrenzen abzusichern.

### 7.4.2 Statistische Prozeßkontrolle

Seit einiger Zeit hält die statistische Prozeßkontrolle verstärkt Eingang in die industrielle Praxis. Diese als SPC (Statistic Process Control) bekannte Methode bietet einen ingenieurmäßigen Ansatz zur Qualitätssicherung von der Entwicklung über die Fertigungsplanung bis zur Produktion. Sie fordert zunächst Maschinenfähigkeits-Untersuchungen und begleitet anschließend die Fertigung durch eine ständige statistische Überprüfung des Prozesses.

Diese mathematisch-statistische Methode geht davon aus, daß die Ausprägungen von Qualitätsmerkmalen nicht beliebig oft und exakt reproduzierbar sind. Sie unterliegen nicht nur systematischen Veränderungen, sondern z. T. auch zufälligen Schwankungen. Jeder Fertigungsprozeß ist einer Vielzahl von Störfaktoren ausgesetzt, die teils zufälliger, teils systematischer Art sind und sich auch auf die Qualitätsmerkmale auswirken. Statistische Methoden beruhen auf der Wahrscheinlichkeitslehre, deren Anwendung auf Massenerscheinungen begrenzt ist, und dürfen dort angewendet werden, wo das Gesetz der großen Zahlen gilt, d.h. gleichartige Erzeugnisse gemeinsame Grundgesamtheiten bilden. Die Ausprägungen von Qualitätsmerkmalen einer genügend großen Grundgesamtheit (theoretisch gelten diese Aussagen nur für unendlich große Grundgesamtheiten) ähneln in ihrer Häufigkeitsverteilung meist der Wahrscheinlichkeitsverteilung, die als Normal-( Gauss-) Verteilung wegen ihrer äußeren Form auch "Glockenkurve" genannt wird. Ihr häufiges Zustandekommen wird mit dem zentralen

Grenzwertsatz erklärt, nach dem die Summe von vielen unabhängigen, beliebig verteilten Zusatzvariablen annähernd normal verteilt ist. Lage und Breite der Verteilung werden durch zwei Parameter, den Mittelwert $\bar{x}$ und die Standardabweichung $\sigma$ bestimmt.

Voraussetzung für eine möglichst eingriffsarme Fertigung ist stets, daß ein Prozeß stabil und fähig ist, einen geforderten Merkmalswert zu erreichen. Dies läßt sich im Sinne einer Prozeßfähigkeitsuntersuchung statistisch dergestalt nachweisen, daß die Verteilung der Ausprägungen des fraglichen Qualitätsmerkmals an einer begrenzten Anzahl, jedoch hintereinander gefertigter Teile bestimmt wird. Der Prozeß gilt als fähig, wenn die rechnerischen Grenzwerte $\bar{x} \pm 4 \cdot \sigma$ der Verteilung innerhalb der vorgegebenen Toleranzgrenzen des Merkmalswertes liegen. Die Verteilung der Prozeßfähigkeitsuntersuchung berücksichtigt somit den Einfluß der ständig wirksamen, prozeßtypischen Schwankungen, wie sie beispielsweise von Lagerspielen oder elastischen Nachgiebigkeiten herrühren können. Im Verlauf der Großserienfertigung treten jedoch auch Einflüsse aus zeitabhängigen Schwankungen auf — Werkzeugverschleiß oder Deformation des Maschinenkörpers infolge Erwärmung. Diese Einflüsse wirken sich zumeist in einer Veränderung des Mittelwertes $\bar{x}$, selten in einer Veränderung der Standardabweichung $\sigma$ aus. Die Aufgabe der statistischen Prozeßkontrolle ist es nun, für meßbare Qualitätsmerkmale diese Werte analog zu Qualitätsregelkarten während der Fertigung fortzuschreiben und bei Erreichen definierter Regelgrenzen in den Prozeß einzugreifen. Nun sind Qualitätsregelkarten zur Qualitässicherung von Fertigungsprozessen nicht neu; in vielen Ausprägungen der Betriebskontrolle entspricht es dem Stand der Technik, gemessene Qualitätsmerkmale als Meßwerte für jedes gefertigte Teil oder bei Prozessen mit hoher Stückleistung für jedes n-te Teil in einer Qualitätsregelkarte fortzuschreiben. Aus den obigen Ausführungen wird jedoch deutlich, daß gerade in der Massenproduktion die Aussagefähigkeit eines einzelnen zu bestimmten Zeitpunkten oder in definierten Stückabständen ermittelten Meßwertes gering ist, da ein Rückschluß auf die momentan vorherrschende Lage der prozeßabhängigen Verteilung ( man spricht auch von der Zentrierung des Prozesses) und die prozeßbedingte Schwankungsbreite nicht möglich ist. Im Sinne der statistischen Prozeßkontrolle ist es daher erforderlich, in vorzugebenden Abständen eine Folge von z. B. 5 Teilen auf ihre Qualitätsmerkmale hin zu überprüfen und die hieraus abgeleiteten Werte ( Mittelwert $\bar{x}$ und Standardabweichung $\sigma$ ) in die Qualitätsregelkarte zu übernehmen.

Es ist anerkannt, daß hiermit ein sehr gutes Instrument besteht, den Fertigungsprozeß besser in den Griff zu bekommen und das Qualitätsniveau der Produktion zu verbessern. Es sollte allerdings nicht vergessen werden, daß diese Methode auf der Basis spanabhebender Prozesse entwickelt wurde. Es existieren noch keine umfangreichen Erfahrungen, in welcher Form statistische Prozeßkontrollen auf umformende Fertigungsoperationen sowie auf Fertigungsabläufe mit eigenschaftsverändernden Wirkungen, wie z.B. Warmbehandlung oder

Oberflächenbehandlung, anzuwenden sind. Während bei der spanabhebenden Formgebung die Kontur eines Werkstückes durch Schnitt- und Vorschubbewegung eines verhältnismäßig einfachen Werkzeuges erzeugt wird, liegt bei der umformenden Bearbeitung die Kontur des Werkstückes weitgehend im Werkzeug, die Umformbewegung ist hingegeben auf eine einfache translatorische Bewegung beschränkt. Dies bedingt, daß zur wirtschaftlichen Nutzung der teuren Preßwerkzeuge die gesamte vorgegebene Toleranz beansprucht wird, zumal gerade die Kaltumformung eine wesentlich geringere Standardabweichung aufweist als spanabhebende Prozesse.

Dies soll an 2 Beispielen aus der Umformtechnik verdeutlicht werden. In Bild 7.11 sind statistische Aufschreibungen über 3 Werkzeugzyklen dargestellt. Man erkennt, daß die Werkzeuge im Neuzustand an der unteren Toleranzgrenze ausgelegt sind. Entsprechend liegt die Bandbreite der gemessenen Ist-Werte an oder in der Nähe der unteren Toleranzgrenze. Werden Messungen hingegen statistisch mit $\pm 3 \cdot \sigma$ bzw. $\pm 4 \cdot \sigma$ ausgewertet, so ergibt sich eine unzulässige Überschreitung der unteren Toleranzgrenze, was technisch durch Ist-Werte nicht möglich ist. Eine sklavische Anwendung der statistischen Prozeßkontrolle würde in diesem Fall dazu führen, die mögliche Standmenge des Werkzeuges durch eine technisch unbegründete Korrektur des Neuzustandes zu verringern. Andererseits ist der positive Effekt erkennbar, daß eine verschleißbedingte Überschreitung der oberen Toleranzgrenze infolge der statistischen Überprüfung sicher vermieden wird. Ein anderes Beispiel zeigt Bild 7.12, in welchem die statistische Auswertung des Flankendurchmessers beim Gewindewalzen über 2 Schichten aufgetragen ist. Die Abhängigkeit macht deutlich, daß die Konstanz dieses Prozesses so gut und die Streubreite im Verhältnis zur zulässigen Toleranz so gering ist, daß der Aufwand für eine statistische Überwachung des Prozesses zugunsten einfacher Methoden fallengelassen werden kann.

Abschließend sei an dieser Stelle noch ein Thema behandelt, welches im Zusammenhang mit statistischer Qualitätssicherung häufig zu Mißverständnissen und Fehlinterpretationen bei Schraubenherstellern und Verbrauchern führt. Es wird nach Einführung von SPC in der Fertigung stellenweise gefordert, daß bei einer Stichprobenprüfung in der Endkontrolle bzw. der Eingangskontrolle des Abnehmers die statistische Auswertung vorgegebener Qualitätsmerkmale mit ihren Grenzwerten von $\pm 3 \cdot \sigma$ innerhalb der zulässigen Toleranzgrenzen liegen muß. Die Folgerung, daß ein Fertigungslos, welches in der Produktion der statistischen Prozeßkontrolle unterworfen wurde, diese Forderung erfüllen muß, ist jedoch irrig, da die statistische Prozeßkontrolle nicht zwingend normal verteilte Ausprägungen für Qualitätsmerkmale in einem Gesamtlos nach sich zieht. In Hinblick auf automatische Montagen und die daraus abzuleitende Qualitätsforderung einer weitgehenden Fehlerfreiheit bieten statistische Methoden auch nur einen begrenzten Lösungsansatz. Eine Auswertung nach $\pm 3 \cdot \sigma$ bedeutet zunächst daß sich mindestens 99,73 % der Merkmalswerte innerhalb der zulässigen

Toleranz befinden müssen. Im ungünstigsten Fall führt dies dazu, daß ein Los von 1000 Teilen 3 Fehlteile enthalten kann, was einem Reinheitsgrad von x = 333 entspricht.

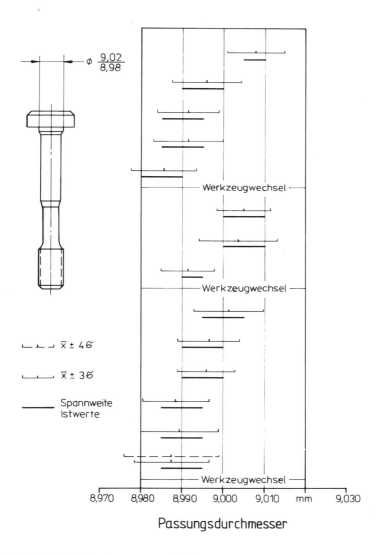

Bild 7.11: Statistische Auswertung des Passungsdurchmessers einer Pleuelschraube über drei Werkzeugstandzeiten

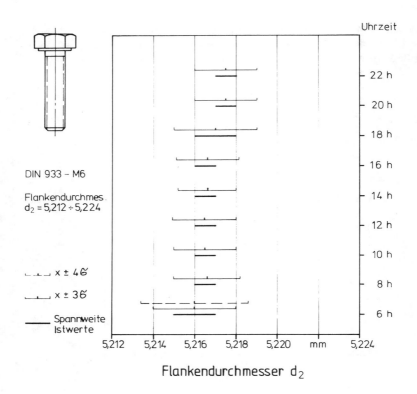

Bild 7.12: Statistische Auswertung des Flankendurchmessers einer Normschraube DIN 933 — M6 über zwei Schichten

So sinnvoll und zweckmäßig statistische Prozeßkontrolle generell auch ist, eine fehlerfreie Belieferung ist hiermit nicht zu erreichen. Ein praktisches Beispiel mag dies verdeutlichen. Bei einem Lieferlos von ca. 200.000 Flanschkopfschrauben wurden vom Kunden 16 fehlerhafte Teile gefunden, was einem Reinheitsgrad von $x = 1,25 \cdot 10^4$ entspricht. Es handelte sich hierbei um 8 Teile mit Steigungswinkelfehler, bei weiteren 8 Teilen hatte sich der Rohling zwischen Vor- und Fertigreduzieren des Sechskantkopfes leicht verdreht, so daß keine einwandfreien Schlüsselangriffsflächen vorlagen. Diese beiden Fehler sind in der Schraubenfertigung als absolute Zufallsfehler zu bezeichnen, die sich jeder erkennbaren Gesetzmäßigkeit entziehen und somit auch nicht über statistische Prozeßüberwachung feststellen und eliminieren lassen.

## 7.4.3 Fehlteilselektion

Mit den bisher beschriebenen Maßnahmen ist das Auftreten und der Durchschlupf sogenannter Zufallsfehler nicht auszuschließen. Hochfeste Verbindungselemente sind Massenprodukte, die in großen Serien und in teilweise weitgehend automatisierten Fertigungsvorgängen hergestellt werden. Trotz hohen Qualitätsniveaus einer Fertigung muß eingeschränkt werden, daß auch die sicherste Massenteilfertigung nicht gewährleisten kann, daß 100% aller Teile völlig fehlerfrei *produziert* werden. Ist für bestimmte Anwendungsfälle auch der sehr geringe Anteil an Zufallsfehlern in einem Los nicht zu vertreten, bleibt als einzige Lösungsmöglichkeit, als letzten Arbeitsvorgang eine 100%ige Prüfung durchzuführen.

Stand der Technik ist es bislang vielfach noch, daß diese Endprüfung von Hand durchgeführt wird. Der Laie wird überracht sein, welche Fertigkeit das Personal bei einer 100%igen manuellen Sichtprüfung aufzuweisen hat. Entsprechend den eingangs gemachten Angaben werden durch diese manuelle Kontrolle in Verbindung mit betrieblichen Qualitätssicherungs-Maßnahmen wie Prozeßüberwachungseinrichtungen und statistischer Prozeßkontrolle Reinheitsgrade von $x = 5000 \ldots 20000$ erreicht. Dennoch kann diese Art der Prüfung in bezug auf Ausbringung und vor allen Dingen Prüfsicherheit nicht befriedigen, zumal es gilt, Reinheitsgrade in der Größenordnung $x = 10^5$ anzustreben.

Die Lösung kann hierbei nur in einer mechanisierten Endprüfung und Selektion liegen. Da für hochfeste Verbindungselemente infolge der unterschiedlichen Prüfkriterien und der großen Abmessungsbreite maschinelle und flexibel einzusetzende Kontrollgeräte serienmäßig nicht verfügbar sind, bemühen sich führende Schraubenhersteller darum, im Eigenbau maschinelle Einrichtungen zu schaffen, die für bestimmte Teilefamilien und in Abstimmung mit den Abnehmern auf wesentliche Prüfkriterien zugeschnitten sind. So existieren heute bereits die unterschiedlichsten Prüf- und Kontrollautomaten für Schrauben, die bezüglich ihrer Vereinzelungs- und Transport-Systeme für die jeweiligen Produktprogramme geeignet sind.

Für ausgesprochene Langschaftteile empfiehlt sich die Handhabung mittels einer Hubbalkenmechanik (Bild 7.13), wobei der Aufbau der einzelnen Prüfstationen modular und flexibel zu gestalten ist. Für Schrauben mit standardmäßigem Durchmesser/Längen-Verhältnis können heute bereits drei unterschiedliche Automatenprüfungen angeboten werden, die sich hinsichtlich ihrer Prüfumfänge und damit auch hinsichtlich der Prüfkosten unterscheiden. Die kostengünstigste Variante beschränkt sich im wesentlichen auf eine reine Identitätsprüfung und die Kontrolle, ob ein ausgeformtes Gewinde vorhanden ist. In einer zweiten Variante können zusätzlich zu diesen Merkmalen 4 Dimensionsgrößen überprüft werden. In einer Variante 3 besteht schließlich noch die Möglichkeit, eine 100%ige maschinelle Vollprüfung durchzuführen (Bild 7.14). Der Prüfumfang dieses

Bild 7.13: Prüfautomat für Langschaftteile

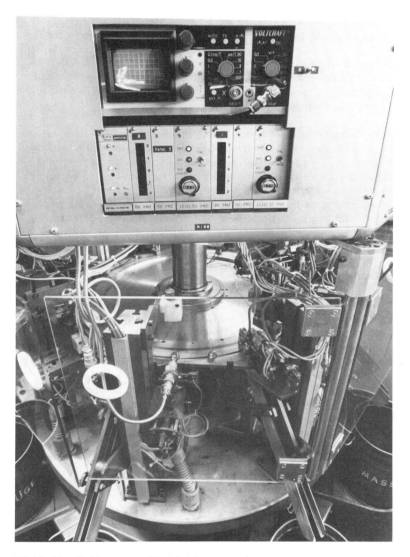

Bild 7.14: Prüfautomat für ROBOLT-Schrauben

Gerätes umfaßt bis zu 8 dimensionellen Merkmalen, zusätzlich sind Funktionsprüfungen hinsichtlich der Geradheit der Teile und der Lehrenhaltigkeit des Gewindes integriert. Darüberhinaus können Bund- und Innenschlüsselschrauben auf Bund- bzw. Kopfrisse überprüft werden und eine Gefügeprüfung gibt Aufschluß darüber, daß die Warmbehandlung der Teile ordnungsgemäß durchgeführt wurde. Die Genauigkeit der Gefügeprüfung ist allerdings nicht ausreichend, um die Einhaltung vorgegebener Festigkeitsbereiche exakt festzustellen.

Für alle automatischen Prüfungen kann unterstellt werden, daß der Reinheitsgrad bezogen auf die im Prüfumfang definierten Qualitätsmerkmale $> 10^5$ liegt. Um dieses Qualitätsniveau bis zur Montagestation des Kunden aufrecht zu erhalten, ist unbedingt empfehlenswert, unmittelbar nach der Kontrolle eine Verpackung in vermischungssichere Behältnisse vorzunehmen. In der Praxis hat sich bewährt, den Kontrollautomaten Beutelverpackungseinrichtungen nachzuschalten, so daß die Gefahr einer nachträglichen Untermischung mit Fremdteilen ausgeschlossen werden kann.

## 7.5 Schlußbetrachtung

Die vorstehenden Ausführungen sollten aufzeigen, daß es bei Einführung von automatischen Montageprozessen nicht genügt, sich lediglich mit den erforderlichen Einrichtungen auszurüsten. Eine nicht unbeträchtliche Bedeutung für den Erfolg oder Mißerfolg eines solchen Vorhabens kommt dem Verbindungselement Schraube zu. Es ist zu empfehlen, daß sich Anwender und Hersteller rechtzeitig über die geeignete Ausführungsform sowie über die qualitativen Erfordernisse der Verbindungselemente abstimmen. Unter dem Gesichtspunkt der extremen Qualitätsanforderungen sind letztlich alle Maßnahmen berechtigt, die zum Erfolg führen. Demzufolge soll Qualität konstruiert, geplant, gefertigt und − falls es sich nicht umgehen läßt − erprüft werden. Die Anwendungen aller denkbaren Möglichkeiten müssen unter dem Gesichtspunkt der jeweils wirtschaftlichsten Methode gesehen werden. Bei Massenprodukten, die häufig nur Pfennigartikel sind, ist oftmals das Aussortieren die kostengünstigste Methode.

# 8 Schraubvorgänge automatisieren

**Anforderungen an die Verbindungselemente, Schraubwerkzeuge, Zuführeinrichtungen sowie Montagestationen aus Sicht eines Montageanlagen-Lieferanten**

Gerhard Schupp

## 8.1 Einleitung

Die Rationalisierung und Automatisierung der Fertigungstechnik konzentriert sich immer stärker auf das Gebiet der Montagetechnik. Betrachtet man die einzelnen Teilfunktionen im Montageprozeß, so ist aus Untersuchungen festzustellen, daß ein wesentliches Fügeverfahren die Schraubverbindung ist.

Basierend auf einer, von unserem Hause durchgeführten Untersuchung, in mehreren Branchen, lassen sich diese Feststellungen mit einigen Zahlen belegen. So sind etwa 40 % aller Montageplätze mit dem Montieren von Schraubverbindungen beschäftigt (Bild 8.1 und Bild 8.2).

Interessant ist, daß in der Fahrzeugindustrie an einem Montagearbeitsplatz meist ein Schraubentyp in einer Stückzahl von zwei bis vier Schrauben verarbeitet wird (Bild 8.1).

Um die Problematik noch etwas zu verdeutlichen, sei hier insbesondere auf eine Veröffentlichung aus dem Automobilbau hingewiesen (1).

Gegenwärtig arbeitet man in der Automobilindustrie sowie Zulieferindustrie an einer Erhöhung des derzeitigen durchschnittlichen Automationsgrades von ca. 10 % aller Schraubfälle (2), (3).

Interessant in diesem Zusammenhang ist ein Blick nach Japan. Dort sind etwa 30 % der bisher eingesetzten SCARA-IR bei der Montage von Schraubverbindungen eingesetzt.

Wesentlich für eine hohe Verfügbarkeit von automatisierten Schraubstationen ist die konstruktive Gestaltung der Schraubverbindung sowie die Toleranz der Bauteile und die Qualität der Verbindungsteile.

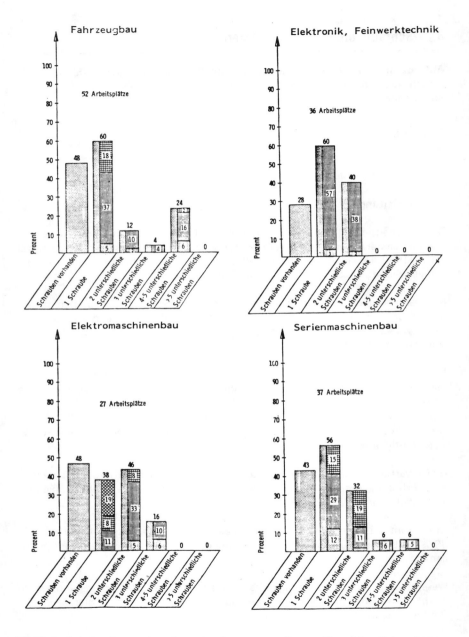

Bild 8.1: Arbeitsplatzanalyse branchenbezogenen. Gesamtübersicht: Schrauben

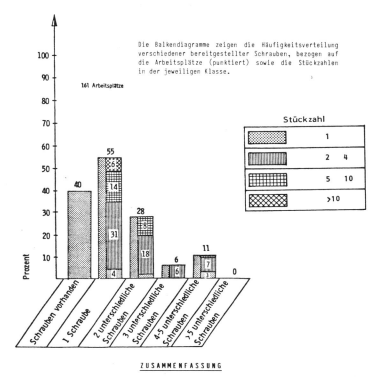

Bild 8.2: Arbeitsanalyse branchenbezogen. Gesamtübersicht: Schrauben

## 8.2 Anforderung an die Schraubverbindung

### 8.2.1 Montagegerechte Bauteilgestaltung

Folgende allgemeinen Forderungen lassen sich bezüglich Schraubverbindungen formulieren:

— Reduzierung der Bauteilanzahl, d.h. Verwendung von Schrauben mit angestauchter bzw. unverlierbarer Unterlegscheibe (Bild 8.3, 8.4).

Bild 8.3: Schraube mit angestauchter bzw. unverlierbarer Unterlegscheibe

- Schrauben mit Suchspitze und Zentrieransätzen verwenden (Bild 8.5). Vorteilhaft: Ansatzspitze bzw. Zapfen oder Spitze.

- Schraubenkopf-Form: Ideal-TORX oder Innenvielkant.

- Verhältnis Länge/Durchmesser Kopf $\geqslant$ 1,2 (Länge = Kopf + Schraubenlänge) bzw. Länge ./. Durchmesser $\geqslant$ 2 mm.

- Keine Sacklöcher verwenden.

- Bei Schraube-Mutter Verbindungen angeschweißte Muttern verwenden.

- Relativkostenkatalog erstellen und anwenden, wenn möglich erweitert um Montagekosten (Bild 8.6) und Qualitätsparameter (Bild 8.7).

- Störkantentabellen der Schraubgerätehersteller beachten.

Wesentlich bei der konstruktiven Gestaltung ist zu zusätzliche Beachtung der Kostenauswirkung der verschiedenen Alternativen (4).

Ergänzend hierzu ein Kostenvergleich eines Schraubenherstellers:

Kostenrechnung:

| bisher: | neu: |
|---|---|
| 4 Schrauben M8 x 45 DIN 931–8,8 | 4 VERBUS PLUS-Schrauben M8x45 DIN 931–8,8 |
| 4 Muttern M8 DIN 934–8 | 4 VERBUS-Muttern M8 DIN 934–8 |
| 4 Sicherungsbleche DIN 463 | |
| Gesamtkosten: DM 0,38 | Gesamtkosten: DM 0,37 |

Ergebnis: Eine Umstellung auf montagegerechte Bauteile kann kostenneutral erfolgen!

Beispiel 1: Schraubverbindung, bestehend aus 7 (5) Einzelteilen

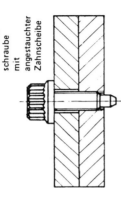

Sechskantschraube

Vorteile:
– Beide zu verbindende Teile haben einfache Durchgangsbohrungen.
– Herstellkosten der Schraube sind niedriger als bei Beispiel 2.
– Zum Lösen reicht normales Werkzeug aus.

Nachteile:
– Das Verbinden der zwei Teile erfordert fünf (drei) Elemente: Schraube, Unterlegscheiben, Sicherungsscheibe und Mutter.
– Höhere Kosten beim Handhaben, da fünf (drei) Elemente eingeführt werden müssen.
– Hoher Zeitaufwand für Montage, da fünf (drei) Elemente montiert werden müssen.

Beispiel 2: Schraubverbindung, bestehend aus 3 Einzelteilen

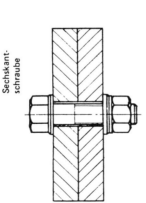

Zwölfkantschraube mit angestauchter Zahnscheibe

Vorteile:
– Das Verbinden der zwei Teile erfordert nur ein Element: Schraube.
– Niedrige Kosten beim Handhaben, da nur ein Element zugeführt werden muß.
– Kürzere Schraubzeiten durch Außenzwölfkant. Zusatzvorteil: Diese Angriffsform senkt den Werkzeugverschleiß.
– Die Suchspitze erleichtert und verkürzt die Montage, weil die zu verbindenden Teile häufig nicht genau fluchten. Mit dieser Suchspitze wird das Positionieren schnell und sicher erreicht.

Nachteile:
– Herstellkosten der Schraube sind höher als bei Beispiel 1.
– Ein Teil ist mit Gewindebohrung zu versehen.
– Zum Lösen ist Spezialwerkzeug notwendig.

Bild 8.4: Gestaltung von Schraubverbindungen

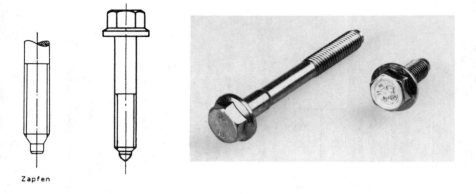

Zapfen

| Beispiel aus der Praxis: | Schraube M8x45 8.8<br>mit angestauchter Zahnscheibe und Suchspitze |

Bild 8.5: Montagegerechtes Fügeteil

### 8.2.2  Qualitätsanforderungen:

Da erfahrungsgemäß etwa 90 % der Anlagen- bzw. Stationsstörungen aus bauteilbedingten Störungen resultieren, ist insbesondere bei der Schraubtechnik auf eine sehr gute Qualität der Verbindungsmittel zu achten. Als Beispiel sei hier Bild 8.8 genannt, auf welchem die Auswirkung der Schraubenqualität auf die Stationsverfügbarkeit dargestellt ist. Die Störkosten bei schlechter Qualität betragen in der Praxis oft 10 bis 20 % der Bauteilkosten.

Aus diesen Gründen müssen für automatisierte Schraubprozesse folgende Forderungen gelten:

- Vorsortierung der Schrauben und Muttern derart, daß keine Fremdteile in die Ordnungs- und Zuführeinrichtung gelangen.

- Prüfen der Qualitätsmerkmale:
  - Gesamtlänge: $l_{min} - l_{max}$
  - Schaftdurchmesser: $d_{min} - d_{max}$
  - Gewinde vorhanden: Ganzahl
  - Zentrierspitze vorhanden: ja/nein
  - Winkel unter Kopf: $90° \pm$ Toleranz
  - Angestauchte Scheibe vorhanden: ja/nein

## SCHRAUBENVERBINDUNGEN

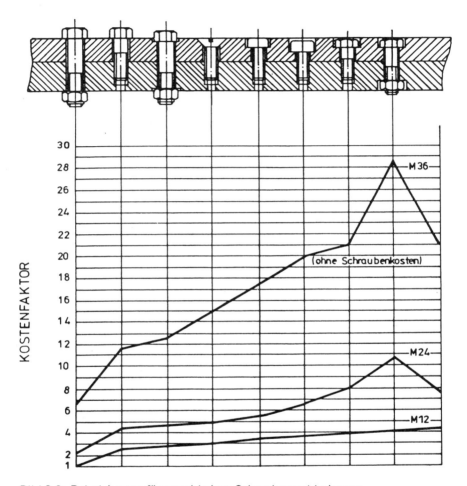

Bild 8.6: Relativkosten für verschiedene Schraubenverbindungen

Quelle: Prof. Steinwachs

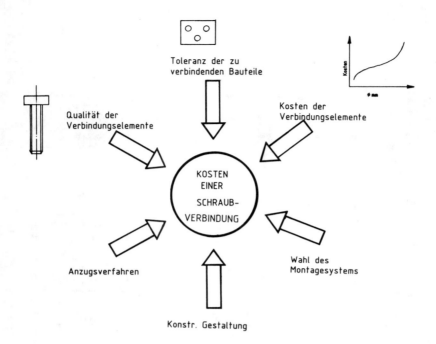

Bild 8.7: Kosten einer Schraubverbindung beim automatisieren von Schraubvorgängen

Bei Sicherheitsverschraubungen,
insbesondere beim Streckgrenzen-
anzugsverfahren: Prüfung der Gewindeoberflächenqualität.

Nachfolgend seien noch einige praktische Anhaltswerte gegeben:

— Kosten für Schlechtteilsortierung
je Schraubentyp und VWF*)   ca. 3.150,— DM

— Kosten für Prüfung von 7 Parametern an Station bei einem    ca. 70.000,— DM bis 140.000,— DM,
Schraubentyp:   je nach Integrationsgrad

— Kosten für flexiblere Prüfung von
etwa 8000 Schrauben pro Stunde: ca. 550.000,— DM

*) VWF: Vibrationswendelförderer

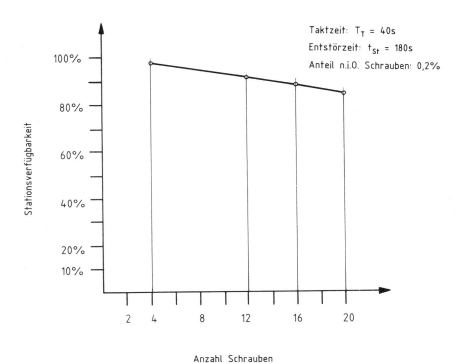

Bild 8.8: Stationsverfügbarkeit in Abhängigkeit von Entstörzeit und Anzahl der montierten Verbindungselemente

Dem Anlagenbetreiber sind folgende Vorschläge zur Realisierung dieser Aufgabe zu stellen:

— Standardisierung der Verbindungsmittel, d.h. auch Reduzierung der Varianten.

— Bezug von 100 % i.O. Teilen vom Verbindungsmittel-Hersteller (Länge/Durchmesser/Gewinde).

— Vorschalten von Prüfoperationen.

— Vorschaltung von grober Schlechtteileaussortierung sowie von Systemmaßkontrollen.

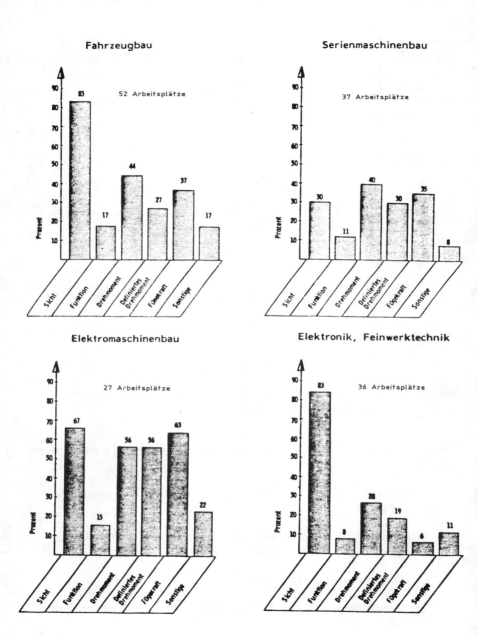

Bild 8.9: Arbeitsplatzanalyse branchenbezogen: Kontrollfunktionen

Die heutigen Qualitätsanforderungen, die an Montagefunktionen gestellt werden, sind dem Bild 8.9 zu entnehmen. In vielen Fällen ist unter Abwägung von Kostengesichtspunkten der einfachen Kontrolleinrichtung den Vorzug zu geben. Das sogenannte VIDEO-KONTROLLVERFAHREN ist nur dann gerechtfertigt, wenn es sich um eine Montageoperation handelt, die hinsichtlich Qualitätsanforderungen und Stationsverfügbarkeit kritisch ist.

Vorteilhaft ist darüber hinaus, wenn nur ein Verbindungsmitteltyp vorliegt (5).

### 8.3 Anforderung an Schraubgeräte und Zuführeinrichtungen

*8.3.1 Anforderung für Schraubgeräte zum IR- und Automatikstationseinsatz*

Aus Sicht des Anlagenherstellers lassen sich folgende Kriterien nennen:

- Gewichtsoptimierte Schraubspindeln.
- Kurze Gesamtbaulängen.
- Schraubspindeln mit Gleichstrom- oder Hochfrequenzantrieben verwenden (Bild 8.10).

Bild 8.10: Schraubspindeln mit Gleichstrom- oder Hochfrequenzantrieben

- Geräte sollten bei Einsatz an Gelenkarm-IR internen Vorschubantrieb besitzen.

- Ideal sind Schraubspindeln mit interner automatischer Schraubenzufuhr zum Abfahren flexibler Verschraubungsbilder (Bild 8.11).

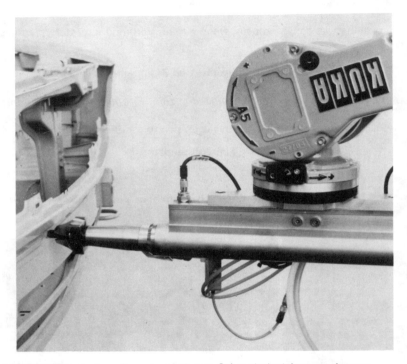

Bild 8.11: Am IR Handachsenflansch angebaute Schraubeinrichtung mit automatischer Schraubenzuführung

- Microprozessorsteuerungen für Schraubablauf und Dokumentation mit standardisierten Schnittstellen und Betriebssoftware verwenden, geeignet für die unterschiedlichen Anziehverfahren (Bild 8.12).

- Schraubspindeln sollten kompakt und ohne Störkanten ausgeführt sein.

- Drehmoment-Anziehgenauigkeit ± 1 bis ± 3 % bei 3 $\vartheta$ bei Md oder Md/1-Verfahren.

Bild 8.12: Microprozessorsteuerung für Schraubablauf und Dokumentation

- Standardisierte Anflanschmöglichkeiten mit geeigneten Wechselflanschen für Greiferwechseleinheiten.

- Insbesondere für flexible Verschraubungsbilder müssen die Schraubspindeln in jeder Raumlage einsetzbar sein.

- Geringer Wartungsaufwand.

- Alle Energieanschlüsse und Meßgeberanschlüsse steckbar.

- Einsatzschwerpunkt M4 – M12.

- Geeignet für Versatzwinkel von ± 2° zur Sollachse.

Zum Problem der Anziehgenauigkeit sollte jedoch noch eine Bemerkung gemacht werden, die die gegenwärtigen Forderungen bei den verschiedenen Anziehverfahren etwas relativiert. Wesentliche Qualitätsforderung der Anwender ist die Vorspannkraft. Beim Md/$\varphi$ Anziehverfahren ergibt sich aufgrund der Schraubenreibwerte, bei einer Winkeltoleranz von $\pm 2°$ und einer Md-Toleranz von $\pm 3\ \%$ eine Toleranz der Vorspannkraft von $\pm 11\ \%$. Soweit muß vor allzu übertriebenen Genauigkeitsanforderungen — aus praktikablen Gründen — aufmerksam gemacht werden.

### 8.3.2 Anforderungen an Zuführeinrichtungen

Generell ist von folgenden Materialbereitstellungs-Alternativen auszugehen:

a) ungeordnet
b) magaziniert.

Da der Fall a), der in der Praxis der häufigst vorkommende ist, sollten hier in Bezug auf die Anwendung von VWF, Stufensortierer und Schrägförderer einige grundsätzliche Forderungen für den Automations-Einsatz genannt werden. Dabei müssen die Alternativen für die Handhabung der Schrauben bzw. Muttern betrachtet werden. Die Alternativen sind in Tabelle 8.1 ersichtlich.

Die Anforderungen an Zuführ-, Ordnungs- und Handhabungssystemen sind zur Sicherstellung einer hohen Anlagenverfügbarkeit sowie Verschraubungsqualität folgende:

— Füllstandskontrolle

— Förderkontrolle

— Grobkontrolle von Funktionsparametern (L/Ø) mit kombinierter Schlechtteilausscheidung

— Stauabschaltung in Linearförderstrecke mit Min.-/Max.-Schaltung.

— Anwesenheitskontrolle in Vereinzelungen und Greifern.

— Wenn möglich mechanisch Spannen bzw. Greifen der Schrauben/ Muttern und Vermeidung von Zufallsfunktionen (Magnet/Sauger/passive Klemmeinrichtungen).

— Folgeschaltung zwischen Vereinzelung und Übernahme, insbesondere bei Druckluftschußeinrichtungen.

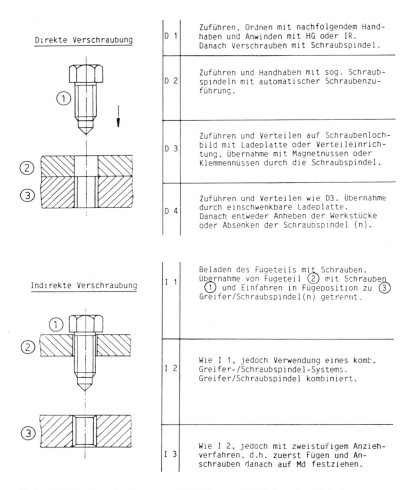

Tabelle 8.1: Handhabung und Zuführung bei Schraubverbindungen

- Entkoppeln von Ordnungs- und Puffereinrichtungen (VWF/Elevatorbunker).

- VWF Größe klein halten, da Langlagerzeit im VWF zu vermeiden; wenn möglich Entleerung vorsehen.

- Entstörmöglichkeiten und Entstörzugriff vorsehen.

- Gegebenenfalls aus Gründen der Zuführleistung auf Lageordnung der Verbindungsteile verzichten (siehe Bild 8.26).

- Angepaßte Zuführtechnik verwenden. Erfahrungswerte für Projektierung:
  Muttern: VWF oder Gegenlaufförderer bei $>$ M20 – Schrägförderer Stufensortierer
  Schrauben: $L/D \leqslant 5$ VWF
  $L/D \geqslant 5$ Schrägförderer/Stufensortierer.

## 8.4 Anwendungsbeispiele

### 8.4.1 Speichern, Ordnen und Zuführen von Radschrauben, unter Verwendung eines kombinierten Schraubspindel-/Greifsystems sowie Fügen mit IR

Leistungsdaten: 4 Schrauben M12 in 18 s
Anziehmoment 110 Nm
Anziehverfahren Md/$\varphi$

Bild 8.13: Vibrationswendelförderer mit Linearschiene, Füllstandskontrolle und Schlechtteilaussortierung

Bild 8.14: Einlegevorrichtung für Radschrauben

Bild 8.15: Kombinierter Greifer/Schrauber

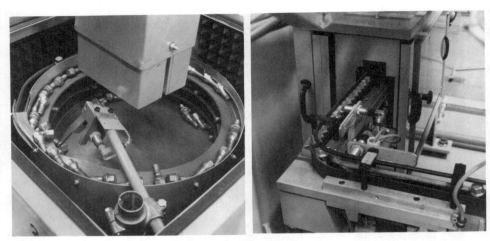

Bild 8.16: Speichern, Ordnen und Zuführen von Radschrauben

*8.4.2 Ordnen, Zuführen und Handhaben sowie Anwinden von Einstellschrauben mit IR und Sondermaschine*

Leistungsdaten: 2 Einstellschrauben in 22 s Gesamttaktzeit.

Bild 8.17: Vormontage und Verschrauben von Einstellschraube und Radialdichtring

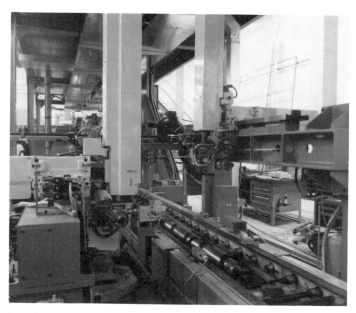

Bild 8.18: Vormontage und Fügen von Gleitstein, Feder und Einstellschraube

8.4.3 Flexible Schraubeinrichtung (Bild 8.19) bestehend aus IR 160/15 oder IR 160/60 mit Schraubspindel und mit automatischer Schraubenzuführung

    Leistungsdaten: Verschraubungszyklus 3 s/Schraube
                          Gesamtzykluszeit   16 s
                          Antrieb                  elektr./pneum.
                          Zuführleistung       bis 2500 Schrauben/Std.

    Beispiel: Verschrauben von Wasserpumpengehäusen (Bild 8.20).

    Leistung: 7 Schrauben in 45 s.

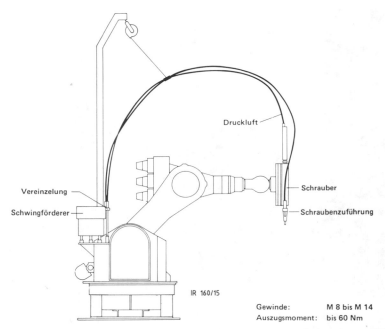

Bild 8.19: IR 160/15 als Schraubroboter mit automatischer Schraubenzuführung (b)

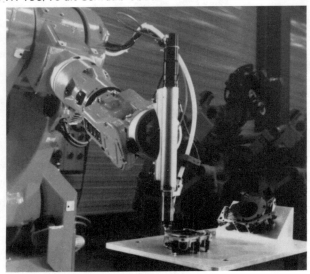

Bild 8.20: Verschrauben von WP-Gehäusen

*8.4.4 Vollautomatische Schraubstation mit integrierter Schraubenprüf- und Schraubenzuführeinrichtung (Bild 8.21) für PKW-Schaltgetriebe*

Leistungsdaten: Taktzeit: 15 s bei 100 %.
11 Schrauben zuführen und eindrehen.

Bild 8.21: Schraubstation für Schaltgetriebe mit automatischer Schraubenzuführung

*8.4.5 Ordnen, Zuführen und Handhaben von Motor-Schwungradscheiben und 6 bzw. 8 Befestigungsschrauben, unter Verwendung eines kombinierten Greifer-/Schraubspindelsystems sowie Fügen mit IR*

Leistungsdaten: Taktzeit: 80 − 20 s
Anlagemoment: ca. 10 − 20 Nm
Kontrolle: Anlagenmoment
Schraubsystem: elektrisch, Gleichstrom, pneumatisch

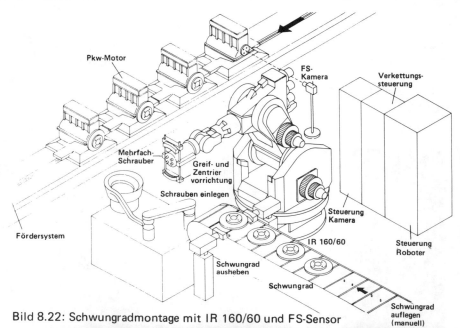

Bild 8.22: Schwungradmontage mit IR 160/60 und FS-Sensor

Bild 8.23: KUKA IR 160/60 mit kombiniertem Bauteilgreifer und 8-Spindelschrauber

## 8.4.6 Haltautomatische Schraubstation für PKW-Schaltgetriebe

Leistungsdaten: Taktzeit: 24 s für 6 Schrauben.

Bild 8.24: Mehrspindelschraubstation für Getriebedeckel

## 8.4.7 Verschrauben von insgesamt 14 Schraubverbindungen einer PKW-Hinterachse

Leistungsdaten: Taktzeit: 39 s
Zyklen/h: 75

Bild 8.25: Verschrauben von Schraubverbindungen einer PKW-Hinterachse

8.4.8　Zuführen und Verschrauben in Streckgrenzenanzugs-Verfahren von 2 Schrauben zur Befestigung eines Cockpits in einer PKW-Karosse (Bild 8.26)

       Leistungsdaten:    Taktzeit: 53 s
                                  Zyklen/h: 110

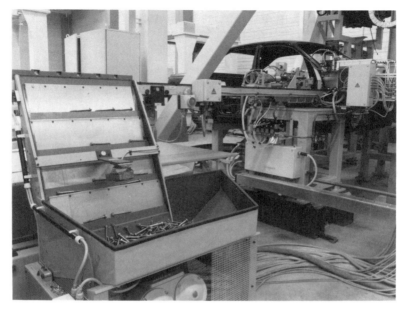

Bild 8.26: Zuführen und Verschrauben eines Cockpits in eine PKW-Karosse

# 9 Realisierte automatische Montage – Montagekonzept Halle 54

Horst Fricke

## 9.1 Einleitung

Um die Wettbewerbsfähigkeit eines Unternehmens zu erhalten und die Produktivität zu erhöhen, ist es notwendig, rechtzeitig über neue Fertigungstechniken nachzudenken und realisierbare Lösungen umzusetzen.

Bei einem Großunternehmen wie der Volkswagen AG sind im Preßwerk und im Rohbau die Fertigungen weitgehend mechanisiert. Im Bereich der Montagen dagegen nur ein verhältnismäßig geringer Umfang (Bild 9.1).

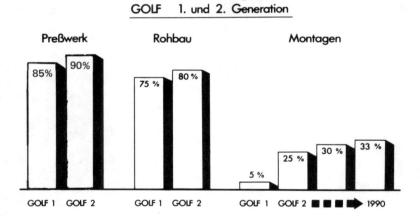

Bild 9.1: Fertigungsbereich III, Montagen 1

Um den Mechanisierungsgrad in der Montage zu erhöhen, mußte in der Frühphase der Entwicklung neuer Fertigungseinrichtungen in vielen Fällen auch Einflußnahme auf die Gestaltung des Produktes genommen werden.

Richtungsweisend ist die Konsequenz, mit der diese Zielsetzung bei Volkswagen in Angriff genommen und umgesetzt wurde.

## 9.2 Aussagen zum Projekt Halle 54

Mit einem Investitionsvolumen — ca. 550 Mio. — wurde die neue Halle 54 einschließlich der Fertigungseinrichtungen realisiert und in 2 Stufen in Betrieb genommen.

Auf einer Gesamtfläche von 110.000 m$^2$ erfolgt die Fertigung und Materialdisposition in zwei Ebenen: Erdgeschoß und Hallengeschoß.
Zusätzlich sind in einer Zwischengeschoßebene großzügig ausgestattete Sozialbereiche installiert. Trotz des erhöhten Mechanisierungsanteils sind in der Halle 54 5.200 Mitarbeiter in der Fertigung in zwei Schichten im Einsatz.

## 9.3 Fertigstellung und Inbetriebnahme

Mit der ersten Stufe erfolgte die Inbetriebnahme der manuellen Montagelinien für die Karrosseriefertigmontage. Die Flexibilität der Einrichtungen ermöglichte zu diesem Zeitpunkt noch die Fertigung des Vorgängermodells. Die Umstellung der einzelnen Montagelinien auf den neuen Golf erfolgte sukzessiv (Bild 9.2).

Parallel dazu begann mit der Stufe 2 die Inbetriebnahme der automatischen Montage der Fahrwerks- und Anbauteile sowie die mechanisierte Komplettierung der Aggregate (Bilder 9.3 und 9.4).

Neue Materialflußkriterien mit entsprechenden Steuerungs- und Überwachungskonzepten sowie die vollkommen neue Montagetechnik erforderten eine entsprechende Vorbereitung der Mitarbeiter.

Bereits 1982 wurde die Kernmannschaft der Führungskräfte und Anlagenführer ausgewählt und auf die zukünftige Aufgabe durch gezielte Einweisung und Schulung vorbereitet (Bild 9.5).

Diese Maßnahmen sowie das außerordentliche gute Zusammenwirken der einzelnen Fachbereiche und das große persönliche Engagement der am Projekt Halle 54 Beteiligten ermöglichten die Erreichung der Zielvorgabe 2.400 Einheiten Golf/ Jetta pro Tag bereits nach 18 Monaten.

Die Fertigung in der automatischen Montage begann mit 200 Fahrzeugen pro Tag im Juli 1983 und erreichte bis Januar 1985 die geplante Stückzahl.

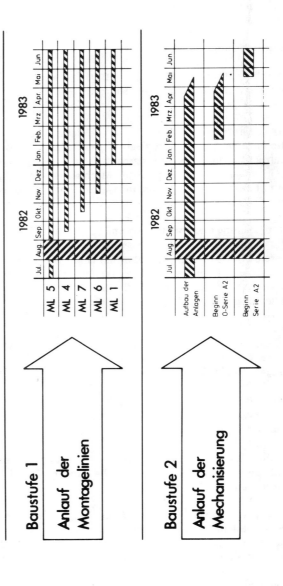

Bild 9.2: Fertigungsbereich III, Montagen 1

## Untergruppen Montage

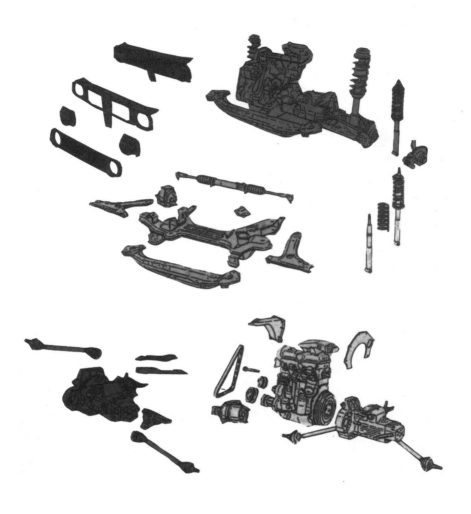

Bild 9.3: Untergruppen Montage

# Hauptgruppen Montage

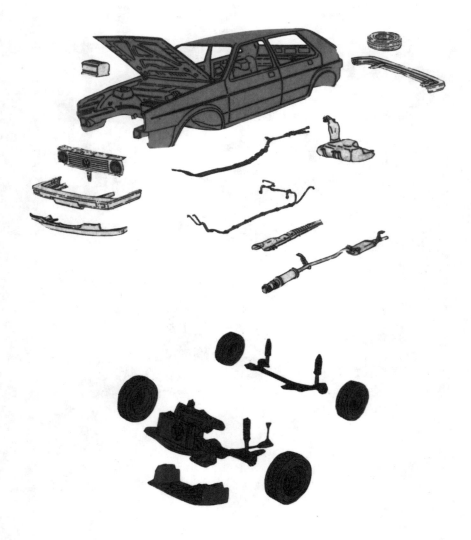

Bild 9.4: Hauptgruppen Montage

- **Kennenlernen des technischen Umfeldes, z.B.**
  - automatische Anlagen mit Verkettung
  - Aufbau und Funktion von punkt- und bahngesteuerten Handhabungsautomaten
  - Sicherheitseinrichtungen
  - Schraubertechnik
  - Material- und Fertigungsfluß sowie dessen Probleme (Fehlteile)

- **Verhalten bei Anlagenstörungen**

- **Erkennen von Fehlern und deren Ursachen (Diagnose)**

- **Kennenlernen der Instandhaltungszuständigkeit und entsprechende Mitarbeit bei der Störungsbeseitigung**

- **Durchführung eigener Wartungs- und Reinigungsarbeiten**

- **Kennenlernen von Qualitätsmerkmalen**

Bild 9.5: Ziele des Qualifikationsprogramms

Zwischenzeitlich wurde durch entsprechende arbeitsorganisatorische Maßnahmen die Ausbringung der automatischen Montage auf Ø 2.700 Einheiten pro Tag und 2 Schichten gesteigert. Das entspricht einer Verfügbarkeit bei relativ störungsfreiem Betrieb von ca. 90 %.

Die zur Anlaufabsicherung parallel gefahrene manuelle Montage wird zur Abdeckung der erhöhten Nachfrage weiter in Betrieb gehalten.

## 9.4 Zielsetzungen

Unsere Zielsetzungen

- Erhöhung der Produktivität
- Erhöhung der Qualität
- Humanisierung
  - keine Überkopfarbeit
  - Entkopplung Mensch/Maschine
- Zeitgemäße Arbeitsplatzgestaltung
  - zugfreie Belüftung
  - Lärmkapselung
  - blendfreie Beleuchtung

haben wir mit Inbetriebnahme der neuen Montage in Halle 54 voll erreicht.

Für die Zielerreichung waren eine Vielzahl von entwicklungstechnischen, planerischen und organisatorischen Notwendigkeiten erforderlich, ohne die eine automatische Montage nicht zu realisieren gewesen wäre.

## 9.5 Voraussetzungen für die automatische Montage

— Konstruktive Auslegung des Fahrzeuges
— Montagefreundliche Teilegestaltung
— Absolute Maßeinhaltung im vorgelagerten Bereich Preßwerk, Rohbau, Kaufteil
— Entsprechende Verarbeitungsqualität in vorgelagerten Bereichen Lackiererei, Karosseriemontage
— Montagegerechte Schrauben
— Montagegerechte Clipse
— Geeignete Schraub- und Cliptechnik
— Qualitätsüberwachungssysteme
— Neues Materialflußkonzept
— Überlegungen zur Instandhaltung

Auf einige Voraussetzungen soll in der Folge näher eingegangen werden.

## 9.6 Entwicklungstechnische und planerische Notwendigkeiten

Ganz entscheidend für die wirtschaftliche Fertigung eines Produktes ist das kreative Zusammenwirken des Entwicklers und Fertigungsplaners.

Die Anforderung wird besonders groß, wenn wie am Beispiel der Halle 54 die Fertigung mechanisiert werden soll.

Es dürfen weder stilistische Details noch andere fahrzeugtechnische Erfordernisse grundlegend geändert werden; trotzdem müssen wesentliche Überlegungen für die Fertigungskonzeption schon zu Beginn der Produktkonstruktion berücksichtigt werden. Die montagefreundliche Teilegestaltung, Montagerichtung und Fügemöglichkeit sind nur einige Merkmale.

Außerdem muß den vorgelagerten Fertigungen wie Preßwerk, Rohbau und Lackiererei durch eine entsprechende gute konstruktive Produktgestaltung die Möglichkeit einer konstanten Fertigungsgenauigkeit und Verarbeitungsqualität gegeben sein. Gleiches gilt natürlich auch für die Zulieferteile externer Hersteller.

## 9.7 Die montagegerechte Schraube

Bei den ca. 360 automatischen Verschraubungen bekommt die Schraube selbst einen besonderen Stellenwert.

Da die DIN-Schraube die Vorgaben für eine automatische Verschraubung nur teilweise erfüllt, mußte eine modifizierte Form entwickelt werden, die sowohl die Fügehilfe mit Fügespitze und Schaft, wie auch eine angestauchte Scheibe mit schlagfreier Anlagefläche für die Schraubernuß hat. Zusätzlich sind die Schrauben oberflächenbehandelt.

Aus einer Vielzahl von Möglichkeiten haben wir die für uns z.Z. günstigsten Schraubentypen ausgewählt (Bild 9.6).

Bild 9.6:

## 9.8 Der montagegerechte Clip

Für die Befestigung der Kraftstoff- und Bremsleitungen am Fahrzeug-Unterboden wurden verschiedene technisch machbare Lösungen erprobt.

Die bei der automatischen Montage eingesetzten Kunststoffclipse erfüllen alle
für die Fertigung erforderlichen Voraussetzungen.

## 9.9 Schraub- und Cliptechnik

### 9.9.1 Verschraubungsablauf

Genau so wichtig wie die Auswahl der richtigen Befestigungselemente war die
Entwicklung und Festlegung des technisch machbaren Umfeldes für die Zubringung der Schrauben und Clipse zum und die Befestigung am Fahrzeug
(Bild 9.7).

### 9.9.2 Kontroll- und Zuführeinrichtungen

Die Auswahl der Schraubentypen und Clipse erfolgte auch unter dem Gesichtspunkt einer möglichen Standardisierung der Sortier-, Prüf- und Zubringereinheiten.

Außerdem sollten diese Einrichtungen weitgehendst wartungsfrei sein und im
Störfall eine entsprechende kurzfristige Störungsbehebung ermöglichen.

Die beim Schraubenhersteller 100 % kontrollierten und in handlichen Losgrößen < 15 kg angelieferten Schrauben sind in Klarsichtbeuteln verpackt und
werden vor dem Verarbeiten nochmals in den Sortiergeräten auf folgende
Kriterien überprüft:

- Schraubenkopfhöhe
- Schraubendurchmesser
- Schraubenlänge

Fehlerhafte Teile werden aussortiert.

Die Schraubenzubringung zu den Montageautomaten erfolgt dann über Kunststoffschläuche und Luftimpulse bis zu ca. 30 m.
Mit diesen in der automatischen Montage eingesetzten Geräten sind die Grundsatzforderungen der Kontrolle und Zubringung erfüllt worden.

Eine weitere Komponente ist die Übergabe der Schraube an den Schrauber.
Der konsequente Einsatz der steuerbaren Ladeplatte ermöglicht die Übernahme
der Schraube in die mit einem Permanent-Magneten ausgerüstete Schraubernuß
während der Nebenzeiten des Montageablaufes (Bild 9.8).

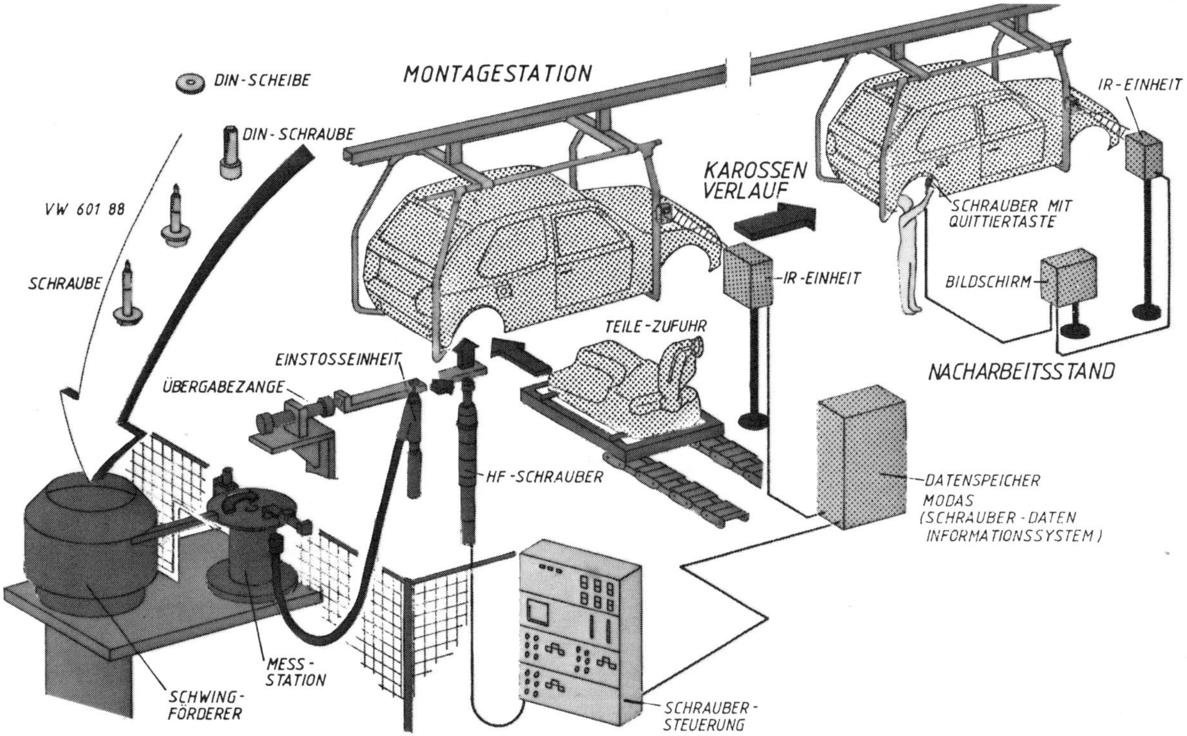

Bild 9.7: Verschraubungsablauf Gesamtansicht

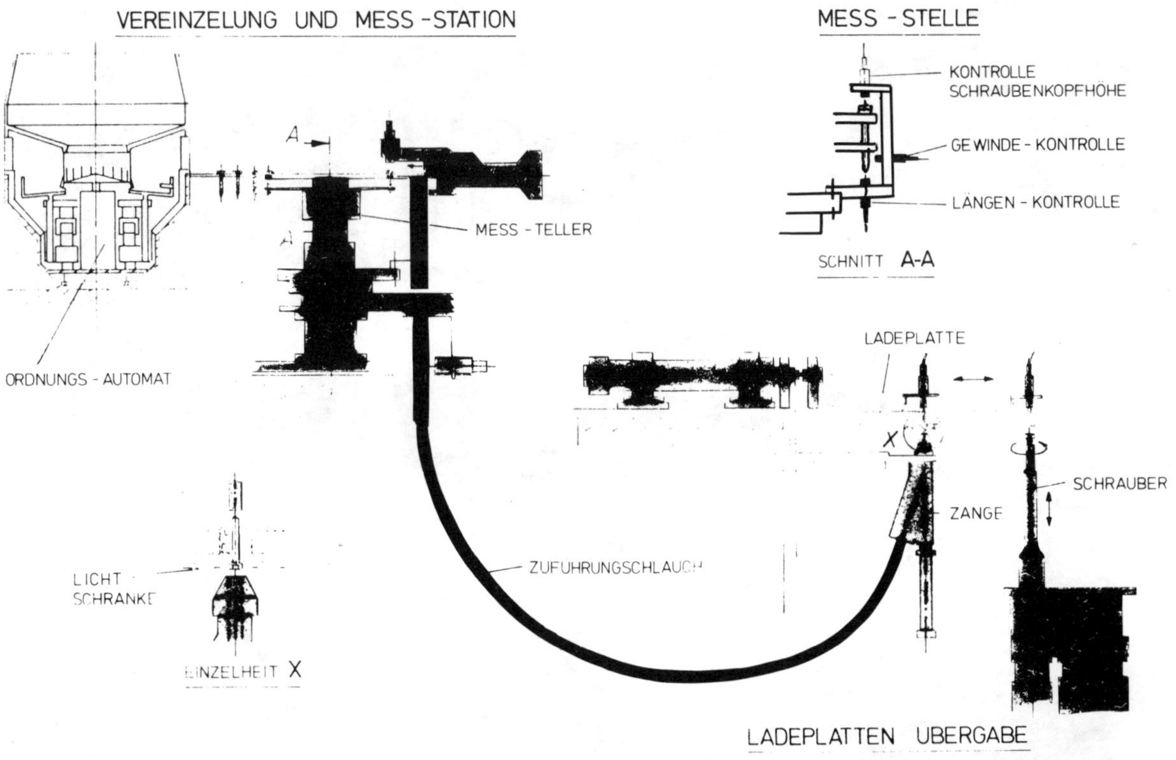

**MESS - STELLE**

KONTROLLE SCHRAUBENKOPFHÖHE
GEWINDE - KONTROLLE
LÄNGEN - KONTROLLE

SCHNITT A-A

SCHRAUBER
LADEPLATTE
ZANGE

LADEPLATTEN ÜBERGABE

MESS - TELLER
ZUFÜHRUNGSSCHLAUCH

**VEREINZELUNG UND MESS - STATION**

ORDNUNGS - AUTOMAT

LICHT SCHRANKE
EINZELHEIT X

Bild 9.8: Schraubenzuführung

Der Hochfrequenzschrauber hat 2 Frequenzstufen, von denen eine u.a. für den Suchlauf bei der Schraubenübernahme genutzt wird.

**9.10 Schraubsysteme und Steuerung**

Trotz eines relativ großen Marktangebotes auf dem Schraubersektor entsprach keines der vorhandenen Systeme unseren Forderungen.

Aus einer Vielzahl von Möglichkeiten haben wir mit Anbietern vom Markt die Konzeption eines Hochfrequenzschraubers einschließlich Steuerung bis zur Serienreife entwickelt. Zum Zeitpunkt der Entscheidung gab es wichtige Gründe, von denen die wesentlichen hier genannt werden sollen:

*9.10.1 HF-Schrauber (Bild 9.9)*

- Geringere Anzahl Bauelemente
- Baukasten mit verschiedenen Getrieben
- Stabiles Drehzahlverhalten
- Drehrichtung reversibel
- Drehmomentgenauigkeit
- Präzises Verschrauben von kurzen harten Schraubfällen möglich
- Günstiges Energiekostenverhältnis gegenüber Luftantrieben
- Günstiges Preisverhältnis E-Motor zum Luftmotor

*9.10.2 Schraubersteuerung*

- Modularer Aufbau aus Schrauberelektronik
  Leistungsteil und Peripherie
  (Serviceprogramme, Programmiergeräte)
- Einsatz komplizierter Schraubprogramme
- Einschübe sind standardisiert
- Sonderanzugsverfahren können in jeder Standardsteuerung nachgerüstet werden.

*9.10.3 Schraubenanzugsverfahren*

- Die Güte einer Verschraubung wird im wesentlichen durch die erreichte Vorspannkraft bestimmt, die wiederum für die Dauerhaltbarkeit der Schraubverbindung maßgebend ist.

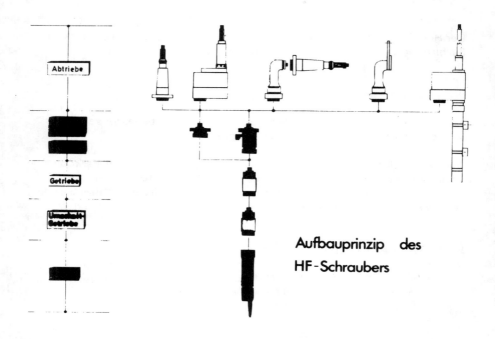

Bild 9.9: Aufbauprinzip des HF-Schraubers

Bei dem am meisten eingesetzten drehmomentgesteuerten Anzugsverfahren wird die Vorspannkraft durch drei Einflußgrößen bestimmt

1. Drehmoment
2. Reibung
3. Setzverluste.

Mit den elektronisch gesteuerten Schraubern wird eine ausreichende Genauigkeit des Drehmomentes erreicht.

Einen weit größeren Einfluß auf die Vorspannkraft hat die Reibung, die im Normalfall im Streubereich ± 20 bis 25 % liegt und bei schlechten Oberflächenverhältnissen oder beim Auftreten des Stick-Slip-Effektes ± 40 % erreichen kann.

Die durch Reibung beeinträchtigte Vorspannkraft kann noch durch eine dritte Größe — die Setzverluste — beeinflußt werden.

Erfolgt z.B. die Verschraubung gegen Dichtungen oder werden beim Schraubfall mehrere Bleche zusammengepreßt, befindet sich evtl. sogenanntes Flutwachs zwischen den zu verschraubenden Teilen, muß mit Setzverlusten zwischen 15 und 40 % gerechnet werden. Für die Verschraubung würde das geringere Vorspannkräfte bei großer Streuung bedeuten.

Durch niedrige Anzugsgeschwindigkeit in der Festziehphase werden die Reibwertstreuungen und Setzverluste weitgehend vermindert.

Außerdem hält das von uns entwickelte Schraubkonzept den Einfluß dieser Störgrößen in Grenzen und gewährleistet eine absolut sichere gleichbleibende Verschraubungsqualität.

Zum Einsatz kam das VW-Standardschraubverfahren; dieses kontrolliert den Schraubprozeß über die Meßgrößen

Zeit, Drehmoment, Drehwinkel und Einschraubtiefe.

Hieraus werden für die Schraubverlaufsteuerung die Schaltpunkte im SOLL-Wertsatz als Variable festgelegt und beschrieben (Bild 9.10).

### 9.10.4  Weitere Merkmale der Schraubersteuerung

— Zweistufige Anzugsverfahren
— Mögliche Anziehmethoden
   drehmomentgesteuert
   drehwinkelgesteuert
   streckgrenzgesteuert
— Drehmoment- und Drehwinkelüberwachung
   automatische Abschaltung bei Abweichung
   Anzeige der Fehlerart
— Löse- und Anziehbetrieb
— Gruppenanzug
— Möglichkeit der Schraubunterbrechung nach Stufe 1
— Intermittierendes Anziehen/Lösen (Wachs)
— Schneidschraubverfahren

Alle beschriebenen Abläufe korrespondieren direkt oder indirekt im Datenaustausch mit der Betriebsmittelsteuerung; außerdem wird durch entsprechende Schnittstellen die Datenübermittlung an übergeordnete Systeme (Rechner, mobile Datenträger) praktiziert.

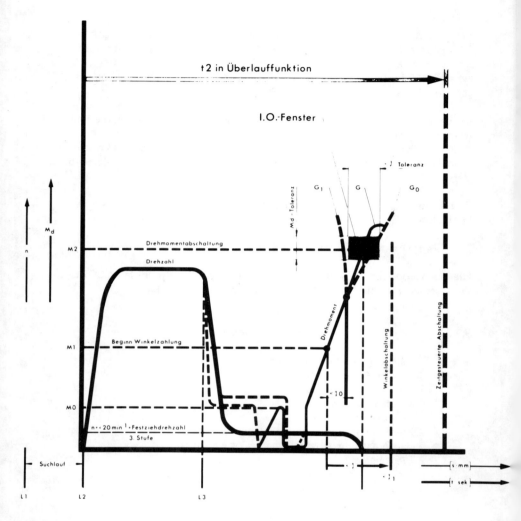

Bild 9.10: VW Standardschraubverfahren MOWILÄST

## 9.11 Qualitätsüberwachung

Grundsätzlich überwacht die Schraubersteuerung den Schraubfall und gibt nur dann die Freigabe an die Betriebsmittelsteuerung, wenn die Schraubparameter innerhalb der vorgegebenen Toleranzen liegen, also i.O. sind.

Wenn jedoch ein Schraubfall die vorgegebenen Werte nicht erreicht, stoppt automatisch der Ablauf. Die Information der nicht erreichten Schraubwerte wird über eine Zentraleinheit an den mobilen Datenträger (System MODAS), der dem Produkt zugeordnet ist, weitergegeben.

An einem für den Schraubfall möglichen Nacharbeitsort wird dann auf einem Bildschirm die nicht i.O.-Verschraubung und die Nacharbeitsart angezeigt.

Ist eine manuelle Nacharbeit erfolgt, wird dies dem System MODAS wiederum mitgeteilt und bei Sicherheitsverschraubungen zusätzlich ein Kontrollausdruck ausgegeben, der mit der Wagenprüfkarte zusammen archiviert wird (Bild 9.11).

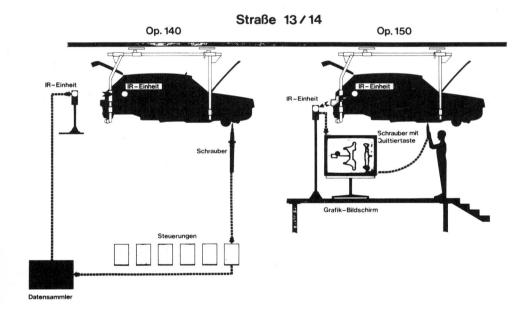

Bild 9.11: Strategie zur i.O.-Fertigstellung

Zusammenfassend betrachtet ist der systematische Aufbau des Schraubprozesses als eine der wichtigen Voraussetzungen für die automatische Montage funktionstechnisch gelöst und zum Einsatz gebracht. Die elektronische Überwachung des Schraubprozesses hat die Verschraubungsqualität entsprechend beeinflußt.

Entwickelt bzw. auf die neue Montagetechnik abgestimmt wurden

- montagegerechte Schrauben
- Schraubenkontroll- und Zuführsysteme
- Schraubenübernahmesysteme an der Schraubstelle
- Hochfrequenzschrauber
- Schraubersteuerung
- Schrauberdaten-Informationssystem (MODAS)

## 9.12 Materialflußkonzept

Die Steuerung der Karossen, Aggregate und der wesentlichsten manuell oder automatisch zu montierenden Teile erfolgt über unser Montageinformationssystem "MONTIS".

Vom Stapelhaus, in dem die lackierten und hohlraumkonservierten Karossen eingelagert sind, erfolgt der Abruf durch Rechner. Über Förderer werden die Karossen vorbei an verschiedenen Kontroll- bzw. Erfassungspunkten der Karosseriefertigmontage zugeführt; hier erfolgt die manuelle Montage der Innenausstattungen.

Weitertransportiert erreichen die Fahrzeuge die mechanisierten Fertigungsstraßen, zeitversetzt dazu sind die Aggregate abgerufen und der mechanisierten Montage zugeführt. Sämtliche über "MONTIS" abgerufenen automatisch zu verbauenden Teile sind in der vorgegebenen Sequenz im System und werden über Pufferstrecken für den Fertigungsprozeß bereitgestellt.

### 9.12.1 Teilezubringung

Sämtliche automatisch zu montierenden Teile werden auf Teileträgern positioniert, aus den Zwischenpuffern abgerufen oder direkt den Montagestationen über Fördersysteme zugeführt.

In den Arbeitsstationen werden die Teileträger oder Teile zentriert aufgenommen und sind somit zu den Aggregaten oder den Karossen, die ebenfalls in sep. Aufnahmestiften fixiert sind, zueinander in Position gebracht.

Am Beispiel des Triebsatzeinbaus ist das Prinzip schematisch dargestellt (Bild 9.12).

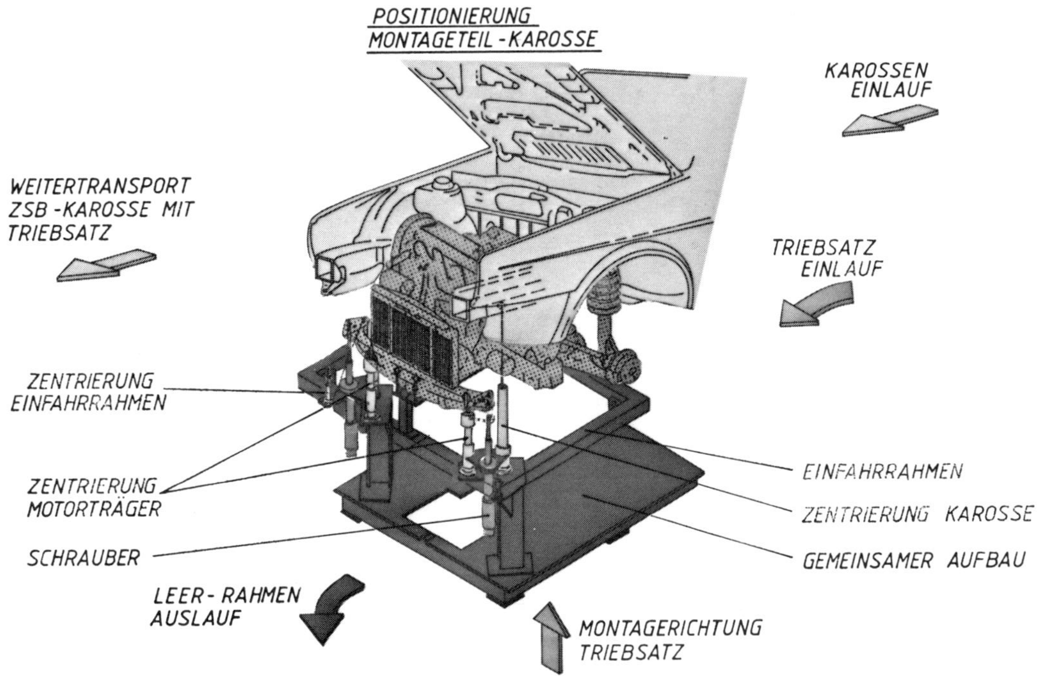

Bild 9.12: Verschrauben Motorträger im Triebsatzbereich

## 9.13 Überlegungen zur Instandhaltung

Zeitgleich mit den Überlegungen zur automatischen Montage wurden Aktivitäten zur Dezentralisierung der Instandhaltung entwickelt.

Hier galt es, über Jahre gewachsene Zuständigkeiten neu zu ordnen und der Aufgabenstellung entsprechend zu gliedern.

In Abstimmung mit den Arbeitnehmervertretern wurde ein Konzept entwickelt und ab Januar 1986 die Instandhaltung organisatorisch und disziplinarisch in die Fertigung integriert.

## 9.14 Zusammenfassung

Mit der Abstimmung des Produktes auf die automatische Montage, der Entwicklung einer neuen Schraubtechnik und Materialflußphilosophie haben wir ein Montagekonzept im Automobilbau realisiert, das uns für einen überschaubaren Zeitraum eine wirtschaftliche Fertigung ermöglicht und richtungsweisend für die weitere Entwicklung sein wird.

Außerdem wird uns die Dezentralisierung der Instandhaltung Erkenntnisse für weitere Vorgehensweisen bei arbeitsorganisatorischen Vorhaben bringen.

# Literaturverzeichnis

## Kapitel 1

(1) Eversheim, W. (Hrgs. ) : Produktionstechnik auf dem Wege zu integrierten Systemen. Vorträge zum Aachener Werkzeugmaschinen Kolloquium 1987. Düsseldorf: VDI-Verlag, 1987, Beitrag 2.4: Flexible, automatisierte Montage.

(2) Fricke, H. : Realisierte automatische Montage beim VW-Montagekonzept der Halle 54. Beitrag zum Lehrgang "Die automatisierte Montage mit Schrauben" der TA Esslingen, 1987

(3) Arbeitsgemeinschaft Handhabungssysteme/Fraunhofer-Institut. IPA-Stuttgart: Einsatzmöglichkeiten von flexibel automatisierten Montagesystemen in der industriellen Produktion. Düsseldorf: VDI-Verlag, 1984.

(4) Scharf, P. u.a.: Unterlagen zum 3. Seminar "Praktische Nutzung von Industrierobotern in Klein- und Mittelbetrieben". IHK Siegen/Universität Siegen, 1987

(5) Scharf, P. u. Steeg, B. : Montagegerecht konstruieren — aber wie? Manuskript am Institut für Fertigungstechnik, Universität Siegen (zur Veröffentlichung vorbereitet) .

(6) Bauer, C. O.: Auswahl und Auslegung formschlüssiger Verbindungen. Beispiel: Schraubverbindung. VDI-Berichte, Nr. 360,1980, S. 19-29.

(7) Lotter, B.: Wirtschaftliche Montage. Ein Handbuch für Elektrogerätebau und Feinwerktechnik. Düsseldorf: VDI-Verlag, 1986.

(8) Mages, W.J.: Besondere Problematik des Massenproduktes Schraube (insbesondere hochfeste Schrauben). Beitrag zum Lehrgang "Die automatisierte Montage mit Schrauben" der TA Esslingen, 1987

(9) Großberndt, H. : Kleinschrauben, rationelle Verbindungselemente in der Feinwerktechnik, Apparate- und Gerätebau. Beitrag zum Lehrgang "Die automatisierte Montage mit Schrauben" der TA Esslingen, 1987

(10) Bauer, G.M. : Schraubtechnik — Schraubanlagen. Beitrag zum Lehrgang "Die automatisierte Montage mit Schrauben" der TA Esslingen,1987.

(11) Bläßer, U., Scharf P. und Steeg B : Störungsanalyse in einer Rasenmähermontage. Unveröffentliche Untersuchung am Institut für Fertigungstechnik der Unviversität Siegen, 1987.

## Kapitel 2

(1) Junker, G. : Die Montagemethode — ein Konstruktionskriterium bei hochbeanspruchten Schraubverbindungen, VDI-Z 121 (1979),12

(2) Kloos, K.H. und Schneider, W. : Haltbarkeit exzentrisch beanspruchter Schraubverbindungen, VDI-Z (1984),19

(3) Junker, G. : Reibung — Störfaktor bei der Schraubenmontage, Verbindungstechnik 6 (1974), 11
(4) Richtlinie VDI 2230, Blatt 1, Juli '86: Systematische Berechnung hochbeanspruchter Schraubenverbindungen, Beuth-Verlag GmbH
(5) Junker, G. und Strelow, D. : Untersuchungen über die Mechanik des selbsttätigen Lösens und die zweckmäßige Sicherung von Schraubverbindungen. Drahtwelt — Teil I: (1966), 2 — Teil II: (1966), 3, Teil III: (1966) 5
(6) Thomala, W. : Zum selbsttätigen Lösen und Sichern von Schraubenverbindungen. Draht 30 (1979) , 4
(7) Strelow, D. : Sicherungen für Schraubenverbindungen. Merkblatt 302 der Beratungsstelle für Stahlverwendung, 6. Auflage, Düsseldorf 1983

## Kapitel 3

(1) Mages: Handbuch der hochfesten Schrauben. Kamax-Werke, Osterode
(2) Qualität und Haftung, DGQ-Schrift 19-27, Beuth.Vertrieb, Best.-Nr. 32 797
(3) Stichprobenprüfung anhand qualitativer Merkmale, Verfahren und Tabellen nach DIN 40 080
(4) DIN- Taschenbuch 10, Mechanische Verbindungselemente 1. Schrauben-Maßnormen, Beuth-Vertrieb
(5) DIN-Taschenbuch 55, Mechanische Verbindungselemente 3. Technische Lieferbedingungen für Schrauben und Muttern Beuth-Vertrieb
(6) VDI-Richtlinie 2230, Systematische Berechnung hochbeanspruchter Schraubenverbindungen, Juli 1986
(7) Pfaff, H. : Gewindefurchende Schrauben — Montageverhalten — Belastbarkeit. VDI -— Z 121 (1979) Nr. 12
(8) Großberndt: Direktschraubverbindungen an thermoplastischen Kunststoffen, 1983, Heft 11 S. 701 —707
(9) Weitzel: Direktverschraubung thermoplastischer Teile, Techo-Tip Dez. 1983, Vogel-Verlag
(10) Ehrenstein/Onasch: Berechnungsmöglichkeiten für das Verschrauben von Teilen aus Kunststoffen mit gewindeförmenden Metallschrauben, Kunststoffe 72 (1982) 11
(11) Kayser: Abgebotsvielfalt ermöglicht profitable Problemlösungen, Industrieanzeiger Nr. 15 von 21.02.86, Vogel Verlag
(12) Großberndt/Strelow: "Merkblatt II: Lieferqualität automatengerechter Schrauben", VDI-Z Bd. 129 (1987) Nr. 9
(13) Kirstein: Qualitätsfähigkeiten von Prozessen im Produktionsverlauf, 2Z232 (1987) Heft 3, Carl Hanser Verlag
(14) Lotter: Arbeitsbuch der Montagetechnik. Vereinigte Fachverlage 1982
(15) Steinmüller/Mittler: Montageautomation auf dem Prüfstand. RKW-Schriftenreihe Mensch und Technik Teil I + Teil II
(16) Montageautomation am Beispiel des Schraubens mit Industrierobotern; Forschungsberichte iwb Technische Universität, München
(17) Weule: Schrauben in der automatischen Montage. VDI-Berichte Nr. 479, 1983
(18) Milberg/Bartelmeß: Automatisieren von Fügeverfahren in der Montage, Industrieanzeiger Nr. 28/29, 10.04.1985

# Kapitel 4

VDI 2230: Systematische Berechnungen hochbeanspruchter Schraubverbindungen. Juli 1986
Kübler, K.H. ; Mages, W. : Handbuch der hochfesten Schrauben, Kamax Werke, Osterode ( Hrsg. ) Essen 1986
Junker, G. : Reibung — Störfaktor bei der Schraubenmontage. Umbrako Koblenz.
Bauer, G. ; Dobler, K. ; Krickau, O. und Layer, A. : Gütesicherung bei Schraubverbindungen. Bosch Technische Berichte Bd 8 (1986), H. 4, S. 170-179
Junker, G. ; Wallace P. : The bolted join: economy of design through improved analysis and assembly methods.
Bauer, G. : Schraubtechnik heute. Maschine und Werkzeug. 86. Jg. (1985) H. 19, S. 10 — 14.
Dobler, K. : Hachtel, H. ; Bauer, G. und Schmidt, G. : Neuartiger Wirbelstrom-Drehmomentsensor in der Schraubtechnik In: Special Sensoren 1986/87, VDI Verlag, S.

# Kapitel 5

(1) Lotter: "Wirtschaftliche Montage". Ein Handbuch für Elektrogerätebau und Feinwerktechnik, VDI-Verlag, Düsseldorf, 1986
(2) Lotter: "Arbeitsbuch der Montagetechnik". Vereinigte Fachverlage Krausskopf Ingenieur Digest, Mainz, 1882
(3) Dreger: "Vereinbarung zur Verfügbarkeit als Teil der Leistungsangaben eines Systems". QZ 20, Heft 2, 1975
(4) Wiendahl, Ziersch: "Verfügbarkeitsverhalten automatisierter Montageanlagen". VDI-Bericht Nr. 479, VDI-Verlag Düsseldorf, 1983

# Kapitel 7

(1) Bauer, C.O. : Null-Fehler Idee: Falsches Etikett — ungelöste Aufgabe, Future 1980
(2) Bauer, C.O. : Norm ermöglicht optimale Verbindung zwischen Qualität und Wirtschaftlichkeit. Ind. -Anz. 105 (1983) 94, S. 26-28
(3) Jende, S. : Roboter brauchen montagefreundliche Schrauben. techno-tip 14 (1984) 12
(4) Großberndt, H. : Automatische Schraubenmontage. Der Konstrukteur 16 (1985) 4
(5) Kirstein, H. : Die sich ändernde Rolle der Qualitätssicherung in der Großserie, QZ 29 (1984) 1, S. 2-8
(6) Kübler, D. -H. ; Mages, W.J. : Handbuch der hochfesten Schrauben. Essen, Girardet 1986

# Kapitel 8

(1) VDI-Bericht Nr. 479, Seite 61 bis 70
(2) Atlas Copco: Beitrag in Zeitschrift IDEE 12/82, Seite 38 bis 42
(3) Guggenberger: Schraubautomaten in der Montage. Tagungsunterlage MHI-Kongreß 1983, Seite 97 bis 110
(4) Hans O. Steinwachs: Kostengünstig Konstruieren. Der Konstrukteur 9/1981, Seite 6 bis 8

(5) Neunzig/Kellner: Video-optisches Kontrollverfahren bei der automatischen Montage, Automobil-Industrie 4/1983, Seite 493 bis 494
(6) G. Schupp: Flexible Montageautomation in der Automobilindustrie, ZWF 11/1983, Seite 493 bis 497
(7) Atlas Copco Firmenschrift, Nr. DK 1/86, Blatt 22 bis 28

# Stichwortverzeichnis

Abschlagschrauber 137
Abwürgeschrauber 138
Al-Legierungen 77
Aluminiumlegierung 81
A-Merkmale 107
Angerollte Scheibe 206
Anziehdrehmoment 41
Anziehfaktor 128
Anziehmethode 61
AQL 106
Ausbringung 261
Ausführungsformen 203
Außensechskant 106
Automatisierung der Montage 6
Automatisierungsgerechte Produktgestaltung 19
Automatisierungsgerechte Schrauben 28

Bearbeitungszentrum 3
Bestellzeichnung 109
Betriebskraft 38
Blechschraubengewinde 66
B-Merkmale 107
Bohrschrauber 81
Bohrspitze 81
Bürstenbehafteter Gleitstrommotor 142

Cam out-Effekt 104
C-Merkmale 107
Corflex/Taptite 77

Datenträger (System MODAS) 271
Drehmoment 118
drehmomentgesteuert 41
Drehmomentgesteuerte Schraubverfahren 122
Drehwinkel 118
drehwinkelgesteuert 41
Drehwinkelgesteuerte Anziehverfahren 122

Dril-Kwick 84
Druckluftmotor 142

Einrichtefehler 112
Einsatzgehärtete Werkstoffe 96
Einschraubtiefe 158
Elektrisch commutierter Motor 143

Fertigungsfehler 111
Flexible Fertigungszelle 3
Flexible Automatisierung 1
Flexibles Fertigungssystem 3
Fügekosten 161
Fügen 153
Furchspitze 77
Furchteil 77

Gewindeenden 66
Gewindeformende Schrauben 74, 75
Gleichdickquerschnitt 77

Hochfeste Kleinschrauben 96
Hochfeste Schrauben 64
Hochfrequenzschrauber 267
Hüllkurvenüberwachung 132

Impulsschlagschrauber 135
Induktivgehärtete Gewindefurchspitze 77
Industrieroboter 19
Innensechskant 106
Instandhaltung 274
Investitionsvolumen 257

Kennzeichnungen von Fehlermerkmalen 109
Kernlochdurchmesser 73
Kernlochdurchmesser 77
Klebesicherungen 97
Kleinschrauben aus rost- und säurebeständigen Stählen 96
Klemmkraft 120
Kombischrauben 66, 97
kopflastige 97
Kreuzschlitz 105
Kreuzschlitzantriebe 66

Kupferlegierungen 77
Kupplungsbereich 103
Kurzschlußläufer Drehstrommotor 142

Leistungsverstärker 139
Lösen 50
Losdrehen 50
Losdrehkurven 54
Losdrehsicherung 59

Mechanisierungsgrad 256
Messautomaten 113
Meßwertgeber 143
Montageaufgaben 9
Montageerweiterte ABC-Analyse 151
Montagegerechte Produktgestaltung 151
Montageinformationssystem „MONTIS" 272
Montagekosten 215

Öffentliche Haushalte 61
Onasch 95

Phillipskreuz 66
Platzkostenrechnung 160
Positionierung 203
Pozidrivkreuz 66

Reibungszahlen 41
Reinheitsgrad 35, 106, 214
Relaxationsvorgänge 90

Schaftlastigkeit 97
Schlagschrauber 134
Schlüsselangriff 205
Schmelzpfropf 92, 94
Schraubenabmessungen 202
Schraubenantriebe 66
Schraubentypen 263
Schraubenzubringung 264
Schraubenzuführung 145
Schraubenzusatzkraft 39
Schrauber 29
Schraubersteuerung 139, 270
Schraubparameter 270
Schraubspindel 139
Schraubverbindung 24
Selbstfurchende Schrauben 66

Selbstschneidende Schrauben 66
Selektion 112
Sicherungsmaßnahmen 61
Sicherungsschraube 209
Sortierfähigkeit 97
Spannungsrisse 90
Sperrbereich 103
Steckgrenzgesteuertes Anziehverfahren 124
Stichkontrollen 112
Stichprobenverfahren 106
Störbetriebskosten 161
Störungsanalysen 29
Streckgrenze 43
streckgrenzgesteuertes Anziehen 41
Suchspitze 205
Supadriv 66

Taktzeiten 14
Teilträger 272
Teks 84
Torque Set 66
Torx 105
Torx-Antrieb 66
Triwing 66

Überrastschrauber 136
Umformwärme 92

Verbindungsstruktur 24
Verfügbarkeit 153
Verliersicherung 56
Veränderungsfehler 112
Vorspannkraftschaubild 38
VW-Standardschraubverfahren 269

Walkwarzen 77
Wasserstoffinduzierte Rißbildung 96
Wirbelstrom Meßwertgeber 143

Zentrierzapfen 205
Zielsetzung 261
Zielvorgabe 257
Zinkdruckguß 81
Zn-Druckguß 77
Zufallsfehler 112
Zuführen der Schrauben 29

## Autorenverzeichnis

Ing. grad. Hermann Großberndt
EJOT Eberhard Jaeger GmbH & Co. KG
Postfach 1147
5928 Bad Laasphe

Dipl.-Ing. (FH) Gerd M. Bauer
Robert Bosch GmbH
Abtg. ET/VIW 4
Postfach 1160
7157 Murrhardt
Tel. 07192/2 22 10

Dipl.-Ing. Rudolf Bödecker
DEPRAG Schulz GmbH & Co.
Kurfürstenring 12
8450 Amberg
Tel. 09621/37 01

Horst Fricke
Volkswagenwerke AG
Leiter Montagen I
3180 Wolfsburg 1
Tel. 05361/92 86 35

Dipl.-Ing. B. Lotter
Fa. EGO Elektrogeräte GmbH
Geschäftsführung
7519 Sulzfeld
Tel. 07269/301

Dr. Ing. Walter Mages
Kamax-Werke
Geschäftsführung
Postfach 40
6313 Homberg-Ohm
Tel. 06633/7 91 35

Prof. Dr. P. Scharf
Universität Siegen
Technologiezentrum
Paul-Bonartz-Straße
5900 Siegen
Tel. 0271/33 09 25/28

Dipl.-Ing. Gerhard Schupp
KUKA Schweiß- und Roboter GmbH
STM-Montagetechnik
Postfach 431349
8900 Augsburg
Tel. 0821/7 97 15 23

Dipl.-Ing. Dieter Strelow
Deutscher Schraubenverband
Postfach 24 01 27
4000 Düsseldorf
Tel. 0211/36 50 71

# Für dauerhafte Verbindungen

Wir schaffen die Verbindung von technischem
Fortschritt und gleichbleibender Präzision.
Mit unserer weitgefächerten Palette hochwertiger
Verbindungselemente.
Mit bewährten Produkten und neuen,
innovativen Lösungen. Montagefreundlich und
robotergerecht. Wirtschaftlich, sicher,
zuverlässig auf lange Dauer.
Ganz unseren vielfältigen Fertigungsmöglich-
keiten entsprechend.
Qualitäten, die das Vertrauen in unsere
Produkte begründet haben.

Für jeden Einsatz genau die richtige Verbindung
herzustellen — das ist unser Programm.

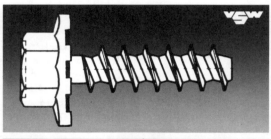

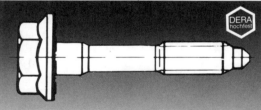

**Vereinigte Schraubenwerke GmbH**
Postfach 3640, 4300 Essen 14 (Steele),
Tel. (0201) 5605-0, Teletex 201484 =
VSWE, Telefax (0201) 5605-239

**Eisenwerk Fraulautern GmbH**
Postfach 1420,
6630 Saarlouis-Fraulautern,
Tel. (06831) 80081-85,
Telextex 17683192, Telex 443774,
Telefax (06831) 80083

# P.A.C.E.
## OPTISCHE SORTIERMASCHINE

**Geisselhardt GmbH**
Withauweg 3
Postfach 40 03 28
7000 Stuttgart 40

Telefon 0711/80 40 83-86
Telex 7 25 2177 gug
Telefax 0711/80 37 54

# P.A.C.E. – Sortiermaschine
Messen – Prüfen – Sortieren

## 1. Grundsätzliches

Die derzeit in der DIN 267, Blatt 5 vorgegebenen Fehlerquoten sind bei dem Einsatz in der automatischen Montage durch die sich verstärkende Verwendung von Robotern nicht mehr vertretbar. Hinzu kommt, daß die eigentliche Teilefertigung weitgehend automatisiert wurde, so daß dem Fügevorgang bzw. dem Montageprozeß zwangsläufig stärkere Beachtung geschenkt wird.

Noch immer hat die Schraubenverbindung aufgrund technischer und handhabungsspezifischer Merkmale insbesondere im KFZ-Bereich und in der Feinwerktechnik große Bedeutung. Alternativverfahren wie Schweißen, Kleben, Nieten etc. finden zwar wachsende Anwendungsbereiche, doch fast 2/3 aller Verbindungen im Maschinenbau sind Schraubverbindungen.

Z. B. befinden sich im PKW über 500 Schraubverbindungen im Abmessungsbereich M 4 – M 12 mit Schwerpunkt bei M 6 und M 8. Von den ca. 500 Verbindungen haben fast 40 % direkten Einfluß auf die Fahrzeugsicherheit!

Diese wenigen Zahlen mögen genügen, um die Notwendigkeit „Verbesserung in der Qualitätskontrolle" zu unterstreichen.

## 2. Möglichkeiten der Qualitätssicherung bzw. der Qualitätsverbesserung

Dem derzeitigen Stand der Handhabungs- und Montagetechnik folgend scheint die Verbesserung der Montagegeräte in Richtung Verarbeitung nicht toleranzhaltiger Verbindungselemente kostspieliger und zeitaufwendiger zu sein als die Realisierung nach Forderung möglichst hundertprozentiger toleranzhaltiger Bauteile.

Ein Massenerzeugnis, wie es die Schraube nun einmal darstellt, hat aber in ganz besonderem Maße unter der Prämisse der rationellen und kostengünstigen Fertigung zu stehen. Der relativ hohe Materialanteil am Preis der Produkte läßt den Produzenten sehr kleinen Spielraum für kostenintensive Zwischenkontrollen in den einzelnen Fertigungsstufen.

Die Diskussion über die beste und wirksamste Kontrolle in der Fertigung konzentriert sich derzeit auf zwei Verfahren:

a) Zwischenkontrollen in den einzelnen Fertigungsstufen
b) Endkontrolle als letzte Fertigungsstufe vor dem Warenversand bzw. Konfektionierung.

Der Kostenanteil der einzelnen Fertigungsstufen am Fertigprodukt bestimmt in den meisten Fällen den zu beschreitenden Weg. Ebenso sind rein mechanische Vermischungen in den folgenden Fertigungsstufen eine sehr häufige Fehlerquelle, die nur über die Endkontrolle beseitigt werden kann.

### 3. Kriterien für kostengünstige Qualitätskontrolle

Moderne Fertigungsverfahren von mechanischen Verbindungselementen setzen in zunehmendem Maße leistungsfähige und störungsfreie Werkstückhandhabungseinrichtungen voraus.

Es gilt also, bei der Auslegung einer Meß-, Prüf- und Sortiereinrichtung insbesondere auch die Werkstückhandhabung in eine sinnvolle Lösung einzubinden. Dieser Punkt gewinnt an Bedeutung, je mehr sich der Arbeitsgang auf das reine Sortieren beschränkt und damit eine hohe Ausbringung zum bestimmenden Merkmal wird.

Steht hingegen der Gesichtspunkt ,,Messen und Prüfen'' im Vordergrund, so sind in der Regel eine Vielzahl von Meßdaten und Kenngrößen zu ermitteln, zu speichern und zu verarbeiten, und die reine Maschinenleistung wird zwangsläufig sinken mit der Anzahl der Meßvorgänge.

### 4. Aufgabenstellung und Bewältigung

In der praxisgerechten Problemlösung überlagern sich oft die Vorgänge ,,Messen, Prüfen und Sortieren'', so daß in vielen Fällen eine sinnvolle Kombination eines leistungsfähigen Sortiergeräts unter Einsatz mechanischer Elemente mit optischen oder sensorgesteuerten Meß- und Prüfeinrichtungen angebracht erscheint. Maßgeschneiderte und arbeitsplatzbezogene Geräte sind in zunehmendem Maße erforderlich, um eine optimale Problemlösung zu verwirklichen.

Zu dieser Problemlösung trägt zweifellos eine Verdichtung des Informationsflusses vom Schraubenhersteller zum Maschinenlieferanten bei.

Am Anfang einer Aufgabenstellung muß die Fehlerquellenstatistik stehen, welche sich erfahrungsgemäß stark betriebsbedingt unterscheidet von Produktionsstätte zu Produktionsstätte.

Die Forderungen der Verbraucher bestimmen weiterhin in hohem Maße die Gestaltung der Prüf-, Meß- oder Sortiereinrichtungen. Hier reichen die Wünsche und Vorstellungen von der Prüfung mechanischer Eigenschaften der Schraube, die das Drehmoment beeinflußt, bis hin zur Kontrolle der Oberflächenveredelung und anderen bei der Verkettung mit Konfektionierungs- und Verpackungsanlagen relevanten Faktoren.

Damit scheint die Frage nach einer einheitlichen und für alle Verwender oder Hersteller von mechanischen Verbindungselementen einsetzbaren Meß-, Prüf- und Sortiermaschine unter den derzeit herrschenden Marktbedingungen zunächst verneinend beantwortet.

Die Gütesicherung der Schraubelemente muß also integriert werden in das bestehende betriebliche Kontrollwesen. Eine nicht unwesentliche Detailfrage betrifft den Faktor „Mensch".

Mitarbeiter aus allen Ebenen sind aufgefordert, bei diesem Prozeß der Rationalisierung möglichst emotionsfrei und kreativ mitzuwirken. Es muß als gegeben vorausgesetzt werden, daß zunächst gegen eine den arbeitenden Menschen ersetzende Maschine Einwände gemacht werden, die bei objektiver Betrachtung auch nicht vollkommen gegenstandslos werden.

Wenn es gelingt, den Personenkreis der hier bis jetzt rein manuell in der Kontrolle von Verbindungselementen tätigen Mitarbeiter einzugliedern in die neuen und höherwertigen Aufgaben der Überwachung und Steuerung, so könnte daraus ein sehr positiver Endeffekt für die reibungslose Integration eines leistungsfähigen Meß-, Prüf- und Sortiersystems in das Kontrollwesen erwachsen.